# プラズマ工学

小越澄雄 著

電気書院

# はしがき

　本書は筆者が東京理科大学理工学部電気電子情報工学科において長年にわたり行ってきた授業「プラズマ工学」の講義ノートをまとめたものです．執筆にあたり以下の点に特に留意しました．

(1)　授業は15回で終了することを目安とする

　本教科書は1章を1回で講義することを想定し15章から成っています．しかし，最後の授業は全体のまとめとする，あるいはある章をさらに詳しく2回の講義時間で解説する等を考慮し，一部の章，特に後半の応用に関する11章から14章の各章，および超粒子シミュレーションに関する15章は省略しても他章には影響しないよう考慮しています．また，各章は可能な限り独立して講義できるように，少なくとも教員の少しの説明があれば独立して講義できるように記述しましたので，必ずしも各章を順番に講義する必要はありません．すなわち，一部の章を省略する，あるいは順序を変えるといったことも可能となっています．

(2)　各章の先頭に，各々の章の概要を述べる

　いわゆるシラバスの内容に相当する文章を各章の先頭に記述し，前もって何が学べるかを述べました．

(3)　教科書の内容をなるべく平易にする

　本文は，可能な限りわかりやすくするように努めました．しかし，より勉学意欲のある人のために付録のところで詳細を述べるか，または参考文献をあげました．

(4)　超粒子シミュレーションの活用

　プラズマ現象の理解を容易にするため，超粒子シミュレーションの結果を取り入れました．また，利用した超粒子シミュレーションプログラムの解説，およびその入手方法やインストール方法も記述しました．このプログラムはソースプログラムが公開されていて，教育・研究用に利用することが可能です．

　プラズマ工学は，光源や半導体・太陽電池製造になくてはならない技術として，

あるいは人工の太陽をつくり発電を行う核融合発電の実現を目指した科学技術として発展してきました．最近では，大気圧プラズマやマイクロプラズマといった新しいプラズマ源が開発され，その応用も一部始まっています．また滅菌・殺菌といったプラズマの医療への応用の研究も始まり，今後，ますます重要な学問分野になると考えられています．しかし，プラズマは，現象の複雑さもあり理解が難しいといわれてきました．本書が，理解が難しいと言われるプラズマ工学の理解に少しでも役立つならば幸いです．

　最後に，本書の出版の機会を与えていただきました（株）電気書院の金井秀弥様に心より感謝申し上げます．

# 目　　次

## 第1章　プラズマとは ……………………………………………… 9

- 1.1　プラズマ研究の歴史　9
- 1.2　プラズマの定義　10
- 1.3　プラズマの応用例　11
- 1.4　本書の構成　12
- 練習問題　14

## 第2章　プラズマの発生・維持 …………………………………… 15

- 2.1　放電開始　15
- 2.2　各種放電プラズマ　18
  - (1)　直流放電　18
  - (2)　高周波放電　19
  - (3)　マイクロ波放電　21
- 練習問題　22

## 第3章　プラズマを記述する方程式とプラズマの特性 ……… 23

- 3.1　マクスウェルの方程式とプラズマの特性　23
  - (1)　デバイ遮蔽と境界領域　24
  - (2)　(電子)プラズマ振動　25
- 3.2　流体方程式とプラズマの導電率　27
  - (1)　流体方程式　27
  - (2)　プラズマの導電率と誘電率　29
- 練習問題　32

## 第4章 プラズマ内の波 ………………………………… 33

4.1 波の分散関係の求め方　33
4.2 プラズマを記述する方程式の線形化　34
4.3 電子プラズマ波とイオン音波　36
練習問題　38

## 第5章 拡散とプラズマ密度分布 ……………………… 39

5.1 拡散係数　39
5.2 拡散方程式と定常状態での密度分布　41
5.3 密度分布の時間変化　43
練習問題　45

## 第6章 プラズマの温度・密度の推定と容量結合形プラズマ源 ………………………… 47

6.1 電子温度と密度の推定　47
　(1) 電子温度の推定　48
　(2) 密度の推定　49
6.2 容量結合形プラズマ源　51
　(1) 等価回路　49
　(2) 電子温度・密度の推定　51
　(3) 整合回路　55
練習問題　58

## 第7章 誘導結合形プラズマ源 ………………………… 59

7.1 誘導結合形プラズマ源　59
7.2 アンテナが容器上面に存在する誘導結合形プラズマ源　60
　(1) プラズマ内の電磁界　60
　(2) アンテナのインピーダンス　61
　(3) プラズマによる吸収パワー　62

練習問題　66

# 第8章　電磁波を用いた高密度プラズマ源　　67

　8.1　TM波用共振器付マイクロ波プラズマ源と表面波プラズマ源　67
　　(1)　共鳴吸収　67
　　(2)　TM波用共振器付マイクロ波プラズマ源と表面波プラズマ源　69
　　(3)　マイクロ波回路　70
　8.2　電子サイクロトロン共鳴（ECR）プラズマ源　71
　8.3　ヘリコン波を用いた高密度プラズマ源　73
　　練習問題　75

# 第9章　スパッタリングと直流マグネトロン放電　77

　9.1　スパッタリング　77
　9.2　直流グロー放電によるスパッタリング　77
　9.3　平板形直流マグネトロン放電スパッタ装置　79
　　練習問題　86

# 第10章　プラズマ計測　87

　10.1　静電プローブ計測　87
　　(1)　正イオン飽和領域　88
　　(2)　電子反発領域　89
　　(3)　電子飽和領域　90
　10.2　分光計測　90
　　(1)　線スペクトル強度比による電子温度の測定　90
　　(2)　ドップラー広がりからのイオン（原子）温度の測定　92
　10.3　干渉計測　92
　　練習問題　95

# 第11章　半導体プロセスへの応用　97

　11.1　集積回路製造における主なプラズマプロセス　97

11.2　プラズマプロセス　98
　　⑴　薄膜形成　98
　　⑵　エッチング　100
　　⑶　灰化（アッシング）　102
　　⑷　プラズマ浸漬形イオン注入 PIII　103
練習問題　104

# 第 12 章　プラズマの光源としての応用　105

12.1　プラズマからの主な電磁波放射　105
　　⑴　線スペクトル放射と再結合放射　105
　　⑵　制動放射とサイクロトロン放射　105
　　⑶　エキシマからの放射　106
12.2　プラズマからの電磁放射の応用　106
　　⑴　蛍光灯　106
　　⑵　プラズマディスプレイ（PDP）　107
　　⑶　紫外ランプによる殺菌，分子の切断・置換　108
　　⑷　気体レーザ　108
練習問題　110

# 第 13 章　核融合発電への応用　111

13.1　発電への利用が期待されている核融合反応と放出エネルギー　111
13.2　ローソン条件　112
13.3　プラズマのトーラス磁界による閉じ込め　114
　　⑴　磁界中での荷電粒子の運動　114
　　⑵　回転変換　114
13.4　核融合炉の大きさの見積もり　115
練習問題　117

# 第 14 章　大気圧放電とその応用　119

14.1　大気圧放電　119

(1)　コロナ放電　119
　　(2)　誘電体バリア放電　120
　　(3)　アーク放電　121
　14.2　大気圧放電の応用　122
　　(1)　電気集塵器　122
　　(2)　オゾン発生装置　123
　　(3)　都市ゴミ処理　123
　練習問題　125

# 第15章　超粒子シミュレーション　127

　15.1　超粒子シミュレーション　127
　15.2　超粒子シミュレーションの詳細　128
　　(1)　計算手順　128
　　(2)　計算式の差分化と物理量の格子点への配分　129
　　(3)　タイムステップと格子間隔　130
　　(4)　中性粒子との衝突の影響　131
　　(5)　壁との相互作用，初期条件および計算終了の判断　132
　15.3　XPDP1プログラムを用いたプラズマ現象の解析例　133
　練習問題　136

**練習問題解答**　137
**付　録**　155
**参考文献**　161
**索　引**　165

# 第1章 プラズマとは

この章ではまずプラズマ研究の歴史について紹介します．次に，プラズマとは何なのかについて述べます．続いてプラズマの特色を活かした応用について簡単に紹介します．この章を学ぶことにより，プラズマとはどのようなもの，それはどのような分野に応用されているかについて理解することができます．

## 1.1 プラズマ研究の歴史

気体に電圧を印加し放電させると，気体は電離し多数のイオンと電子を含んだ状態（蛍光灯の内部をイメージしてください）になります．この荷電粒子の集合体がプラズマです．プラズマのより厳密な定義は後ほど述べます．

真空放電により発生した電離気体（プラズマ）の研究は1920年代にアーヴィング・ラングミュアーにより始められました．彼はプラズマの基本的性質であるプラズマ振動や壁とプラズマ本体との境に形成された境界領域（シース）について明らかにしました．ちなみに，この荷電粒子の集合体に「プラズマ」という名称を与えたのはラングミュアーです．同じ頃，クリスチャン・ビルケランドは，宇宙はプラズマで満ちていると予測しました．実際，宇宙を構成している物質の99〔%〕はプラズマ状態です．

プラズマに関する研究がさらに進んだのは，1950年代以降の制御熱核融合の研究と宇宙空間におけるプラズマの研究の進展によります．熱核融合は太陽のエネルギー源でありますが，現在実用化されているのは残念なことに水素爆弾のみです．この熱核融合を制御された形で実現し発電する，いわゆる地球上で人工の太陽を実現し発電する試みが制御熱核融合で，現在，国際共同研究として，初の制御核融合発電装置（イーター）を建設中です．核融合の研究によりプラズマと磁界との相互作用，電磁波とプラズマの相互作用等多くの知見が得られています．ビルケランドの宇宙プラズマの研究はハンネス・アルベーンに受け継がれました．

アルベーンは実験室でのプラズマを通して宇宙におけるプラズマ現象を理解しようとしました．その過程で，彼はプラズマを流体としてモデル化した電磁流体力学（MHD）の構築に尽力しました．その功績等により1970年にアルベーンはノーベル物理学賞を授与されました．アルベーンのプラズマに関する功績の1つにプラズマ中を伝搬するアルベーン波の理論的予測があります．この波は，後に自然界でも実験室でも観測されています．アルベーン波は太陽コロナの加熱や太陽風の加速に関わりがあるのではないかといわれています．

プラズマは，1980年代以降の大規模集積回路（LSI）の製造過程で利用されています．このプラズマプロセス（ドライプロセス）がプラズマ技術の最大の応用例だと思います．今日使われている集積回路のパターンの最小寸法は数十nmです．典型的なバクテリアの大きさが$1〜10$〔μm〕ですので，バクテリア大の領域に彫刻ができるほどの超微細加工がプラズマを用いると可能となります．プラズマ技術なしには，現在のパーソナルコンピュータも携帯電話も製造できません．中心となる高性能な中央演算素子や記憶素子が製造できないからです．このプラズマプロセスの研究により自己バイアスといった基本的な現象の理解の他，高性能なプラズマ発生装置等の開発が進展しました．

## 1.2　プラズマの定義

荷電粒子と中性粒子を含み，正の電荷量と負の電荷量がほぼ等量で外部からは中性に見える（準中性）状態で，集団的振る舞いをする粒子の集合をプラズマといいます．ここで，集団的振る舞いの例は（電子）プラズマ振動です．プラズマ内で電子の偏りが生じた場合，これにより発生した電界のため電子が戻され，さらに慣性力により，行き過ぎて反対方向の電界を生じます．この結果，電子が今度は反対方向へ動きます．以下，この電子群の振動が繰り返されます．この電子群の振動をプラズマ振動と呼びます．

より厳密なプラズマの定義[1.1]は，「①正負の荷電粒子群をほぼ等電荷量含み，②少なくとも正負の内のどちらか一方は不規則な熱運動をおこなっており，③粒子の集合体の大きさがデバイ長より長いものをプラズマという」というものです．デバイ長は正の電荷または負の電荷の塊ができたとき，その周りを反対符号の荷

電粒子が取り囲み，元の塊による電界をシールドするのに必要な長さを意味します（詳細は第3章）．①と③によりプラズマが外部から見て電気的に中性に見えること（準中性）を保証しています．プラズマ粒子の運動は2体衝突のような近距離力よりもクーロン力のような遠距離力によって，より大きな影響を受けます．プラズマの定義に関する本文で述べた集団的振る舞いは，遠距離力により同時に多数の荷電粒子が協調的な振る舞いをすることから生じます．

## 1.3　プラズマの応用例

　プラズマの主な応用は以下に述べるプラズマの3つの特性を利用しています．
　プラズマの持つ一つの特性は，化学反応を促進するラジカル（不対電子を持ち，不安定で化学反応に富んだ物質で，例えばOHなど）を容易に，かつ多量に生成できることです．先に述べましたようにパーソナルコンピュータや携帯電話などに使われている集積回路の製造にはプラズマが使われますが，プラズマの役割は主としてこの化学反応性に富んだラジカルの生成です．このラジカルが半導体基板などと化学反応を起こし超微細加工を可能とします．その結果，1つの集積回路の中に一千万を超える素子を組み込むことが可能となっています．これだけの素子を組み込むためには超微細加工が必要です．また，高気圧，高温でのみ製造されていた人工ダイヤモンドもプラズマを使えば比較的簡単に製造できます．これもダイヤモンド製造に必要なラジカルをプラズマが容易に生成できるからです．
　今一つは光（電磁波）を放出することです．身近な蛍光灯はプラズマによる紫外光発生を利用した応用例です．点灯時の蛍光灯内部はアルゴンイオン，水銀イオン，電子（以上，荷電粒子）とアルゴン原子，水銀原子（以上，中性原子）が混在するプラズマ状態となっています．この電子が水銀原子に衝突し水銀原子の軌道電子を励起状態とします．励起状態の電子がエネルギーのより低い状態に移るときに紫外線を放射します．この紫外線が蛍光塗料を励起し可視光を発光させます（詳細は第12章）．プラズマテレビのディスプレイ（PDP）もそうです．PDPは小さな蛍光灯の集まりと考えられます．また，プラズマ内に存在する水銀は，紫外光などの短波長の光を効率よく放射します．この紫外光による殺菌な

どもおこなわれています．

　プラズマは，また高エネルギー密度にすることができます．この性質を利用したものがプラズマによる都市ゴミの処理です．さらに高エネルギー密度のプラズマを用いるのが核融合発電です．現在考えられている核融合発電では，水素の同位体である重水素と三重水素が核融合してヘリウムになるときに放出されるエネルギーを用いて発電します．概算ですが，水1リットル中に含まれる重水素が核融合すると灯油約80リットル分のエネルギーが発生します．

　図1に3つの性質を利用したプラズマ応用例を示します．

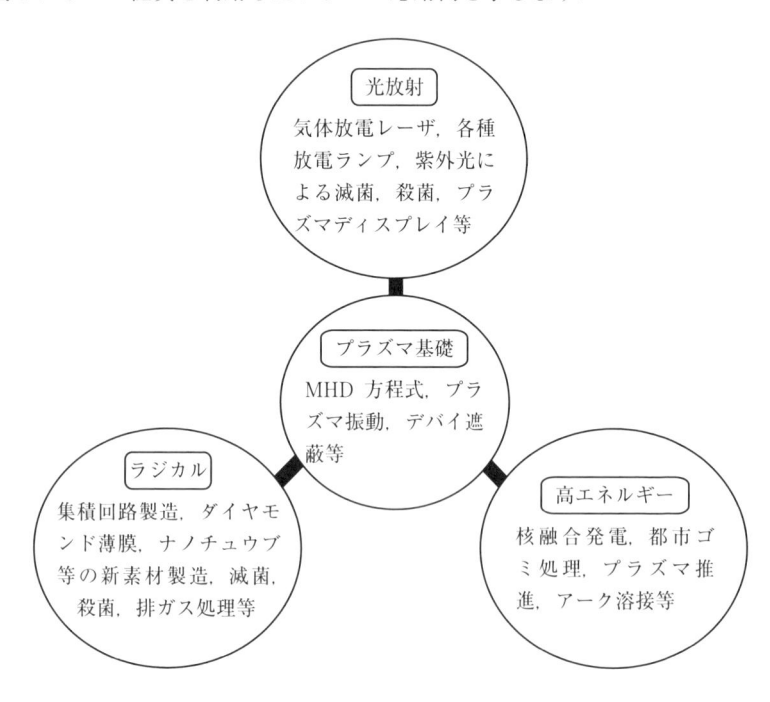

光放射
気体放電レーザ，各種放電ランプ，紫外光による滅菌，殺菌，プラズマディスプレイ等

プラズマ基礎
MHD方程式，プラズマ振動，デバイ遮蔽等

ラジカル
集積回路製造，ダイヤモンド薄膜，ナノチュウブ等の新素材製造，滅菌，殺菌，排ガス処理等

高エネルギー
核融合発電，都市ゴミ処理，プラズマ推進，アーク溶接等

図1　プラズマを用いた応用例

## 1.4　本書の構成

　本書では，第2章〜第5章でプラズマの発生・維持，プラズマの基本的な性質，プラズマを記述する方程式，プラズマ内の波動，拡散と密度分布について述べ

## 1・4 本書の構成

ます．第6章～第9章は主に半導体プロセスで用いられているプラズマ発生装置について述べます．第10章ではプラズマパラメータの計測法について述べます．第11章～第14章はプラズマの応用について述べ，最後の第15章は数値シミュレーション（超粒子シミュレーション）について述べます．

## 練習問題

**問 1.1** プラズマの応用例について調査しまとめなさい．

**問 1.2** 以下の文章中の □ の中に適切な言葉を入れなさい．
　　プラズマとは正負の荷電粒子群をほぼ （1） 含み，少なくとも正負の内のどちらか一方は （2） をおこなっており，粒子の集合体の大きさが （3） より長いものをいいます．

# 第2章 プラズマの発生・維持

　この章ではプラズマがどのようにしてでき，維持されているのかについて述べます．宇宙の99％以上はプラズマ，つまりイオンと電子がバラバラになって自由に動き回っている状態だと考えられています．どうしてこのような状態になっているのでしょうか？地球上ではほとんど場合，物質は固体，液体，気体のいずれかの状態です．どの状態をとるかは，温度と圧力に依存します．例えば，一気圧では水の状態は温度の上昇と共に，固体，液体，気体と変化します．さらに温度を上昇させればプラズマになります．宇宙空間は約−270℃と考えられていますがプラズマです．つまり，温度が低くてもプラズマになりえます．プラズマはイオンと電子を作る作用（電離）とイオンと電子が結合する作用（再結合）とがバランスして常にイオンと電子が存在している状態です．この章を学ぶことにより，放電によるプラズマ発生の仕組み，およびプラズマを発生・維持する装置の概要が理解できるようになります．

## 2.1 放電開始

　プラズマ状態を作るためには，中性ガス（原子あるいは分子）を電離してイオンと電子を作る必要があります．今，図2.1のような2枚の電極に高電圧が加わった状態を考えます．

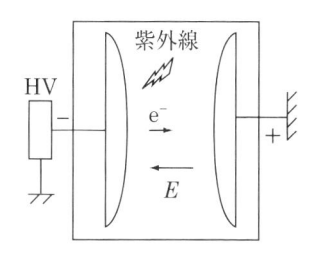

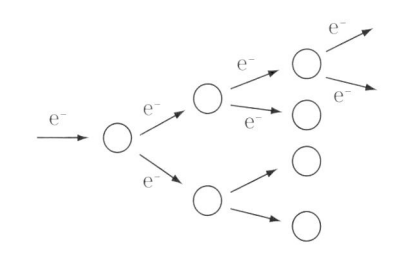

図2.1　プラズマの発生　　図2.2　電子の増殖（電子なだれ）の様子

このとき，マイナス側（左側）の電極（陰極）に紫外線を照射し，電極から電子が飛び出したとします．この電子は，電極間の電界で加速され，プラス側（右側）の電極（陽極）に向かいます．電子が十分に加速され電離に必要なエネルギーを得た後，容器内の中性ガスと衝突すると，その中性ガスを電離し，イオンと電子を発生することがあります．この電子と中性ガスとの衝突電離作用を $\alpha$ 作用といいます．元の電子および発生した電子は，電界により加速され十分なエネルギーを得ると再び中性ガスを電離します．このようにして電極間を左から右に進むにつれてどんどん電子数が増加することがあります（図 2.2）．それではこうした状況で陽極に到達する電子の数はいくらになるのでしょうか．次に，このことを考えてみます．

　一個の電子が 1〔cm〕進むとき衝突電離する回数を $\alpha$，電極間隔を $L$〔cm〕とすると，初期に発生した $N_0$ 個の電子が陰極から陽極へ向かって走行する間に電離衝突により発生する電子と元の電子の数の総和は $N_0 e^{\alpha L}$ となります（練習問題 2.1）．

　実際の状況では，この他に途中で発生したイオンが電界により加速され，陰極と衝突することにより2次電子が発生することがあります．一個のイオンが陰極に衝突したときに $\gamma$ 個の電子が発生する（これを（イオンの）$\gamma$ 作用という）として，先ほどの陽極に達する電子の総数を再計算すると，定常状態では

$$N_e(L) = \frac{N_0 e^{\alpha L}}{1 - \gamma \left(e^{\alpha L} - 1\right)}$$

となります（練習問題 2.2）．

　今，定常的に外部から陰極面への紫外線照射により毎秒 $N_0$ 個の電子が供給されたとすると，流れる電流は次式のように表されます．

$$i(L) = \frac{i_0 e^{\alpha L}}{1 - \gamma \left(e^{\alpha L} - 1\right)} \tag{2.1}$$

ただし，$i_0$ は $N_0$ に比例した値です．

　ここで，分母がゼロの場合は外部からの紫外線照射がなくても電流値がゼロにならないと考えられます．この分母ゼロが，放電が持続し電流が流れ続ける条件

です．他の条件は変えずに，電極間の電圧を変化させ，式（2.1）の分母が0となったときの電圧を $V_S$（火花電圧）とすると $V_S$ は次式で表されます（練習問題2.3）．

$$V_s = \frac{BnL}{C + \log(nL)} \tag{2.2}$$

ただし，$B, C$ は定数，$n$ は中性ガスの粒子数密度です．式（2.2）の導出では，衝突電離係数 $\alpha$ が次式で近似できるとしています．

$$\frac{\alpha}{n} = Ae^{\frac{-B}{E/n}}$$

ここで，$A, B$ は気体により決まる定数であり，$E$ は電界です．

式（2.2）から二つのことがわかります．一つは，火花電圧が（中性ガスの粒子密度 $n$）と（電極間隔 $L$）の積で決まることです．今一つは $nL$ の値をゼロに近づけた場合，および大きくした場合に $V_S$ の値が大きくなり発散することです．このことは $V_S$ の値に最小値があることを示唆しています．図 2.3 に $V_S$ と $nL$ の関係を模式的に示します．

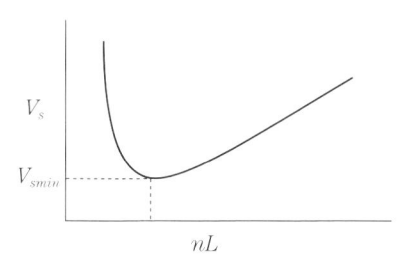

**図 2.3** 火花電圧 $V_S$ と中性ガスの粒子数密度と電極間隔の積 $nL$ の関係

この曲線をパッシェン曲線といいます．火花電圧が $nL$ で決まり，その値に最小値があることをパッシェンの法則と言います．この法則は広範囲の条件下で成立しますが，例えば気圧が非常に高い場合は放電に至るまでの過程が先に述べた場合と異なりパッシェンの法則からずれてきます[2.1]．また，中性ガスの粒子数密度 $n$ の代わりに，ガス圧 $p$ と電極間隔の積 $pL$ を横軸として使う場合もあります．なお，プラズマディスプレイではこの火花電圧が最小になるように電極間隔

あるいはガス圧を決めています．

## 2.2 各種放電プラズマ

放電プラズマでは電界により電子が加速され，加速された電子によって中性ガスが電離されイオンと電子が発生します．このときの電界が直流電界なのか，高周波電界なのか，マイクロ波電界なのかの違いはありますが基本は電界により電子がエネルギーを得て電離を行います．一方，イオンと電子は壁に衝突してエネルギーを失い再結合して消失します．以下，これらのことをもう少し詳しく述べます．

### (1) 直流放電

図 2.4 のような直径 10〔mm〕程度の放電管に 200～300〔Pa〕程度の気体，例えばアルゴンガスを封入して両端の電極に直流の電圧を加え，その電圧値を徐々に変化させて電圧・電流特性を測定すると図 2.5 のようになります．図 2.5 で電流の変化に対して電圧がほぼ一定になる領域があります．このときの放電をグロー放電と呼びます．

放電管内の電位分布の概略図を図 2.6 に示します．この図の中央部のほぼ電位が一定の部分が典型的なプラズマ状態の領域です．一般的には，この領域の陰極側に近い部分を負グロー，陽極に近い大部分を陽光柱と呼んでいます．電極近辺の領域で電位が大きく変化しているところをシース領域と呼び，電極とプラズマとの境界領域となっています．この部分にも細かな名前が付けられていますが，それらは参考文献 (2.2) を参照してください．現時点ではプラズマ本体とシース，すなわち境界領域ということでよいと思います．

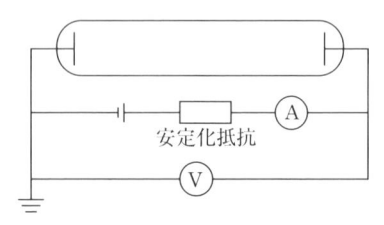

図 2.4　直流放電管と放電回路

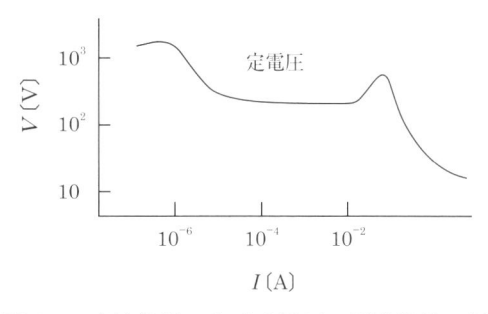

図 2.5　直流放電における電圧・電流特性の例

　直流放電では直流電界により加速されて電離に必要なエネルギーを得た電子が中性ガスを衝突電離し，電子およびイオンを大量に発生させます．一方，イオンと電子は壁（または電極）まで拡散していき，そこで壁と衝突してエネルギーを失い再結合して消失します．この電離と再結合がバランスして定常状態になりプラズマを維持します．定常状態でのプラズマ密度の近似値はプラズマによる吸収パワーとプラズマからの損失パワーのバランスにより，電子温度は電離により発生した荷電粒子と壁へ流失して失われた荷電粒子のバランスにより推定できることを後述します．

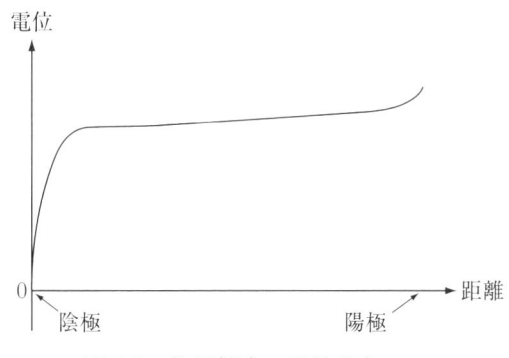

図 2.6　放電管内の電位分布

## (2) 高周波放電

　典形的な高周波放電装置である容量結合形プラズマ装置と誘導結合形プラズマ装置の概念図を図 2.7 (a)，(b)に示します．

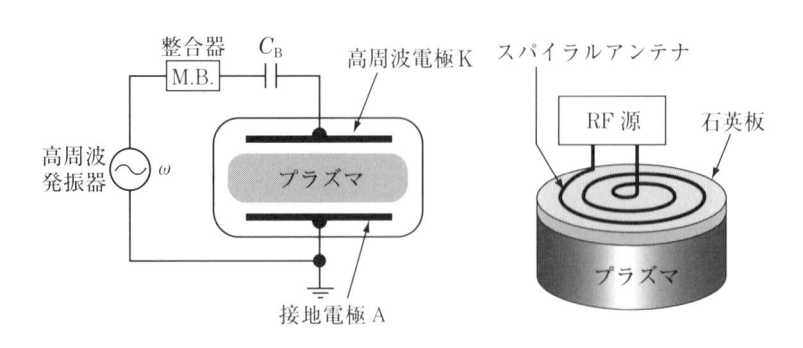

(a) 容量結合形プラズマ装置　　(b) 誘導結合形プラズマ装置

図 2.7　高周波放電装置の概念図

　これらの装置は，集積回路などを製造する際にプラズマプロセス用のプラズマ源として用いられています．電源の周波数としては工業用に割り当てられている 13.56〔MHz〕が主に用いられます．

　容量結合形プラズマ装置では 2 枚の電極の片方に高周波電源を接続しプラズマを発生・維持します．この場合，電子が高周波電界により加速されてエネルギーを得，中性ガスを衝突電離します．直流の場合と比較して電極への荷電粒子の損失が少ないのが特徴で，そのためより高密度なプラズマが維持されます．損失が減る理由は高周波電界による電子の閉じ込めのためです．すなわち，高周波電界の場合，電界の方向が逆転するので，電極に向かって進んでいた電子が途中でプラズマ本体に引き戻されるためです．誘導結合形プラズマでは図に示されたコイルが発生する磁界によりプラズマ内に誘導電界が発生し，その電界により電子が加速されます．誘導結合形プラズマ装置のプラズマ密度は容量結合形プラズマ装置より高くなる傾向があります．前にプラズマ密度はパワーバランスの考え方から推定できると述べました．プラズマからの損失パワーとしては，イオンが壁に達するときにシースでもらうエネルギーが大きな割合を占めます．すなわち，シース領域での電位差が大きいほど損失パワーが大きくなります．誘導結合形プラズマ装置は容量結合形プラズマ装置と比較してシース領域における電位差が小さいため損失パワーが小さくなります．誘導結合形プラズマ装置のプラズマ密度が容量結合形プラズマ装置のプラズマ密度より大きくなる原因の一つです．高周波放

電装置としてはヘリコン波プラズマ装置などがありますが省略します．他の高周波放電装置は参考文献（2.3）を参照してください．

### (3) マイクロ波放電

図 2.8 はマイクロ波放電装置の一つ，スロットアンテナ形の表面プラズマ装置の概念図です．

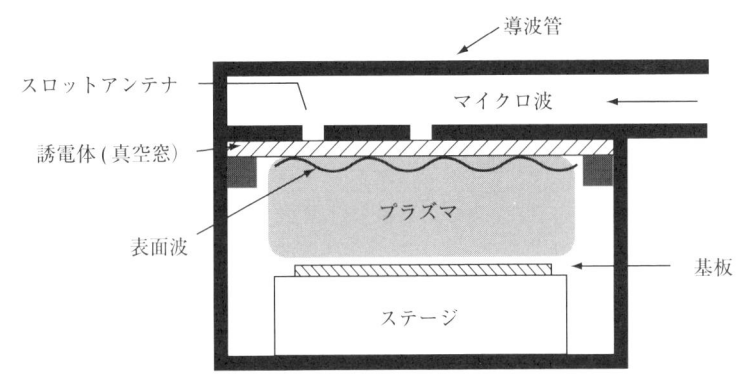

図 2.8　表面波プラズマ装置の概念図

この装置では上部の導波管を伝搬してきたマイクロ波が，導波管下部に開けられたスロットアンテナを通して誘電体とプラズマとの境界面に照射されます．その結果，境界面に表面波が励起され，この表面波がプラズマを維持しています．その他のマイクロ波プラズマ装置については参考文献(2.3)を参照してください．

## 練習問題

**問 2.1** 一個の電子が電極内を 1 [cm] 進むとき衝突電離する回数を $\alpha$, 電極間隔を $L$ [cm] とすると，初期に発生した $N_0$ 個の電子が陰極から陽極へ向かって走行する間に電離衝突により発生する電子と元の電子の数の総和は $N_0 e^{\alpha L}$ となることを示しなさい．ただし，イオンの陽極との衝突よる2次電子発生の効果は無視できるものとします．

**問 2.2** 前問に $\gamma$ 作用を加えたときの定常状態での陽極に達する電子の総数が

$$N_e(L) = \frac{N_0 e^{\alpha L}}{1 - \gamma(e^{\alpha L} - 1)}$$

で表されることを示しなさい．

**問 2.3** 火花電圧に関する式

$$V_s = \frac{BnL}{C + \log(nL)}$$

を導出しなさい．ただし，衝突電離係数 $\alpha$ が $\alpha = An e^{\frac{-B}{E/n}}$ で近似できるとします．ここで，$B$, $C$ は定数です．

**問 2.4** パッシェン曲線が最小火花電圧をもつ理由を簡単に説明し，式 2.2 から最小火花電圧 $V_{smin}$ を求めなさい．

# 第3章 プラズマを記述する方程式とプラズマの特性

プラズマおよびその応用について考察するには，それを記述する方程式が必要です．プラズマを記述する方程式としてはマクスウェルの方程式と流体力学の方程式が多くの場合用いられます．この章の前半ではマクスウェルの方程式を用いて，プラズマの基本的な性質であるデバイ遮蔽，プラズマ振動などについて考察します．後半ではプラズマ工学で用いる流体方程式について紹介します．この教科書で取り扱う多くの応用においては，荷電粒子間，荷電粒子と中性粒子間の衝突が頻繁にあるのでプラズマを流体として取り扱うことが可能です．衝突が無視できる程少ない場合の方程式については付録（3.2）で説明します．その後，これらの方程式を用いて，プラズマの導電率などの導出を行います．この章を学ぶことでプラズマを実際に取り扱うときの基本方程式およびプラズマの基本的な性質について理解できるようになります．

## 3.1 マクスウェルの方程式とプラズマの特性

プラズマは荷電粒子の集まりですので，その運動は電磁気的な力の影響を受けます．そのためプラズマを記述するためには以下に示すマクスウェルの方程式を用います．

$$\mathrm{div}\,\vec{E} = \frac{\rho}{\varepsilon_0} \tag{3.1}$$

$$\mathrm{rot}\,\vec{E} = -\frac{\partial \vec{B}}{\partial t} \tag{3.2}$$

$$\mathrm{div}\,\vec{B} = 0 \tag{3.3}$$

$$\mathrm{rot}\,\vec{B} = \mu_0 \vec{i} + \varepsilon_0 \mu_0 \frac{\partial \vec{E}}{\partial t} \tag{3.4}$$

これらのマクスウェルの方程式からプラズマの集団的な振る舞いの例である，

デバイ長および（電子）プラズマ振動の角周波数を求めます．

### （1） デバイ遮蔽と境界領域（シース）

真空中に置かれた電荷 $q_0$〔C〕から $r$〔m〕離れた場所における電位 $\phi(r)$ は，無限遠の電位を基準とすると

$$\phi(r) = \frac{q_0}{4\pi\varepsilon_0 r}$$

と表されます．

しかし，プラズマ中では，この電荷は反対符号の電荷に取り囲まれるため，外部からはあたかも電荷が存在しないかのように見えます（図3.1）．この現象をデバイ遮蔽といい，その場合の電荷から $r$〔m〕離れた場所の電位は

$$\phi(r) = \frac{q_0}{4\pi\varepsilon_0 r} \exp\left(-\frac{r}{\lambda_D}\right) \tag{3.5}$$

と表されます（練習問題3.1）．ここで，$\lambda_D$ はデバイ長（距離）といい，次式で表されます．

$$\lambda_D = \sqrt{\frac{\varepsilon_0 \kappa T_e}{e^2 n_e}} \tag{3.6}$$

ここで，$T_e$ は電子温度，$n_e$ は電子密度で，もし電子温度を〔eV〕の単位，電子密度を〔cm$^{-3}$〕の単位で表すと，式（3.6）は次式で近似されます．

$$\lambda_D \approx 7.4 \times 10^2 \sqrt{\frac{T_e}{n_e}} \quad \text{〔cm〕} \tag{3.7}$$

例えば，電子温度が 1.0〔eV〕（電子が 1〔V〕の電位差を通過したときに得るエネルギー相当で，約 1 万〔K〕），電子密度が $1.0 \times 10^9$〔cm$^{-3}$〕ならデバイ距離は 0.023〔cm〕となります．つまり，電荷から 0.23〔mm〕離れた場所での電位は真空の場合の $e$ 分の 1 に減ることになります．このように極めて短い距離で遮蔽されます．

## 3・1 マクスウェルの方程式とプラズマの特性

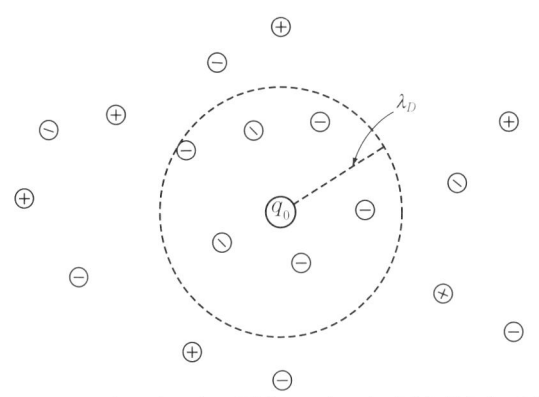

**図 3.1** プラズマ内で電荷 $q_0$（>0）が遮蔽される様子

次に、プラズマが壁により閉じこめられている場合を考えます。このとき、プラズマ本体と壁との間の境界領域をシースといいます。通常、シースではイオン密度が電子密度より高くなります（図 3.2）。その理由は、電子の熱速度がイオンの熱速度より速いため電子が先に壁に到達し、残されたイオンが境界領域に溜まるためです。そのため中央の電位が上昇し、電子の壁への流失が抑制されます。境界領域の幅は、デバイ距離の数倍程度で電子温度などの関数となります（練習問題 3.2）。この境界領域に発生した電界が電子の閉じ込めに寄与します。

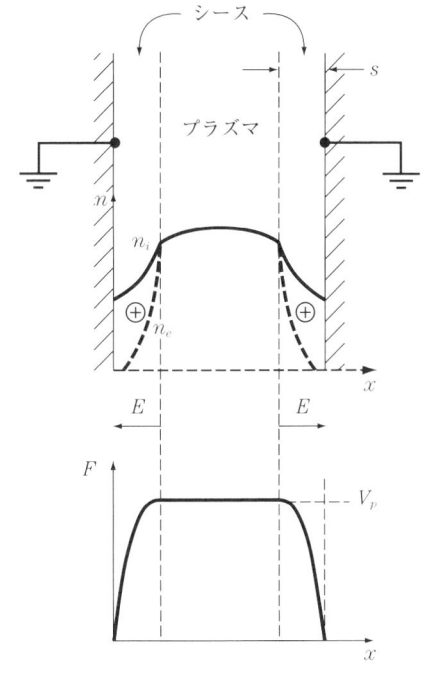

**図 3.2** 壁に閉じ込められたプラズマの様子

### (2)（電子）プラズマ振動

プラズマ内ではプラズマ固有の振動が発生します。その 1 つが（電子）プラズ

マ振動です．これは図3.3のように，電子群が左右への移動を繰り返す現象でプラズマの集団的振る舞いの典型的な例です．

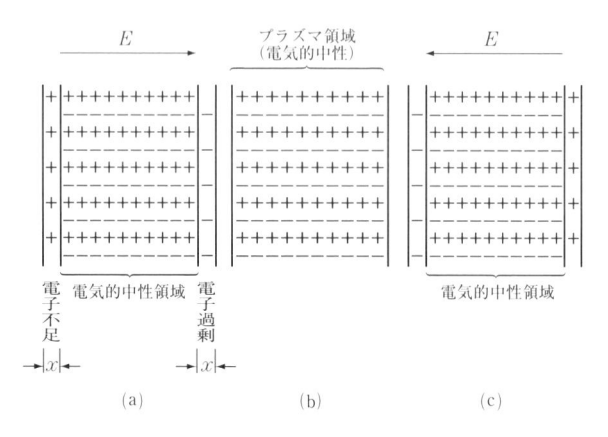

**図3.3** プラズマ振動の説明図 ((a),(b),(c),(b),(a),(b),(c),···を繰り返す)

このプラズマ振動の角周波数 $\omega$ を次に導出します．図3.3(a)の場合を考えます．この場合，発生する電界は両端に存在する異符号の電荷が作る電界ですので，それぞれの電荷密度を $\sigma(>0)$，$-\sigma$ とするとガウスの定理から

$$E = \frac{\sigma}{\varepsilon_0}$$

となります．電荷密度 $\sigma$ は電子密度を $n_e$，電子の電荷量を $-e$ とすると $\sigma = en_e x$ ですので，電界は次式で表されます．

$$E = \frac{en_e x}{\varepsilon_0}$$

電子の運動方程式は次式となります．

$$m_e \ddot{x} = -eE = -\frac{e^2 n_e}{\varepsilon_0} x$$

この方程式は2階の微分方程式で，2回微分したときに元に戻りその係数が $-\left(\dfrac{e^2 n_e}{\varepsilon_0 m_e}\right)$ であることを示しています．2回微分して元に戻り，係数の符号がマイナスになる関数は正弦関数（または余弦関数）なので，解は

$$x(t) = x_0 \sin(\omega_{pe} t + \theta_0)$$

となります。ここで$\omega_{pe}$は$\omega_{pe} = \sqrt{\dfrac{e^2 n_e}{\varepsilon_0 m_e}}$で，(電子) プラズマ振動の角周波数です。

電子密度を〔cm$^{-3}$〕の単位で表すと，プラズマ振動の角周波数は次式で近似できます。

$$\omega_{pe} \approx 5.6 \times 10^4 \sqrt{n_e} \quad [\text{s}^{-1}] \tag{3.8}$$

例えば，電子密度が$1.0 \times 10^{10}$〔cm$^{-3}$〕なら角周波数$\omega_{pe} \approx 5.6 \times 10^9$〔s$^{-1}$〕となり，周波数$f$は

$$f = \frac{\omega_{pe}}{2\pi} = 8.9 \times 10^8 \quad [\text{s}^{-1}]$$

となります。

## 3.2　流体方程式とプラズマの導電率

粒子間の衝突頻度が高くプラズマを流体と見なせる場合は，プラズマの解析に流体方程式を用いることができます。先のマクスウェルの方程式の一部と流体方程式を併せた方程式とオームの法則，$\vec{E} + \vec{V} \times \vec{B} = \eta \vec{j}$がプラズマの解析において頻繁に使われます。

### (1)　流体方程式

流体方程式は，分布関数 f の時間変化を記述するボルツマン方程式

$$\frac{\partial f}{\partial t} + \sum_{j=1}^{3} V_j \frac{\partial f}{\partial x_j} + \sum_{j=1}^{3} \frac{F_j}{m} \frac{\partial f}{\partial V_j} = \left(\frac{\delta f}{\delta t}\right)_{col.}$$

に物理量$Q$をかけ，速度空間に関して積分することにより求めることができます[3.1]．

$$\int Q \frac{\partial f}{\partial t} dV + \sum_{j=1}^{3} \int Q V_j \frac{\partial f}{\partial x_j} dV + \sum_{j=1}^{3} \int Q \frac{F_j}{m} \frac{\partial f}{\partial V_j} dV = \int Q \left(\frac{\delta f}{\delta t}\right)_{col.} dV \tag{3.9}$$

ここで Q=1 として求まるのが連続の式で次式のように表されます（右辺は，電離・再結合がないとしていますので 0 となります）．

$$（連続の式）\quad \frac{\partial n}{\partial t} + \nabla n\vec{V} = 0 \qquad (3.10)$$

ここで，$n$ は粒子密度，$\vec{V}$ は流体の速度です．
荷電粒子の発生（電離），消滅（再結合）が無視できないときは，

$$\frac{\partial n}{\partial t} + \nabla n\vec{V} = （電離，再結合項） \qquad (3.10')$$

となります．
　式 (3.10) は粒子密度の時間変化（左辺第 1 項）は，「単位時間にそこへ流れ込んだ粒子数から流れ出した粒子数（左辺第 2 項）を引いた値に等しい」ということを表しています．また，$Q=mn$（質量密度 $\rho$）とすると

$$\frac{\partial \rho}{\partial t} + \nabla \rho\vec{V} = 0$$

となります．
　この式を解いて密度（あるいは質量密度）の時間変化を得ようとすると，速度の情報が必要です．速度の時間変化を表す運動方程式は，$\vec{Q} = m\vec{V}$ として式 (3.9) を計算することにより求まります．

$$（運動方程式）\quad mn\frac{d\vec{V}}{dt} = qn(\vec{E} + \vec{V}\times\vec{B}) - \nabla P - mn\nu_c\vec{V} \qquad (3.11)$$

ここで，$m$ は粒子の質量，$q$ は粒子の電荷量，$P$ は圧力，そして $\nu_c$ は衝突周波数（1 秒間に衝突する回数）を表します．右辺第 1 項は電界，磁界による力を，第 2 項は圧力による力，第 3 項は衝突による実効的な力を表しています．第 3 項は 1 回の衝突で，持っていた運動量を全て失うと仮定しています．この運動方程式を用いて速度の時間変化を求めるためには，今度は圧力 $P$ の情報が必要となります．圧力 $P$ の方程式は速度の 2 乗をボルツマン方程式にかけ，速度空間について積分することにより求まりますが，今度は別の物理量の情報が必要で，それは速度

3・2 流体方程式とプラズマの導電率

の3乗をボルツマン方程式にかけ，速度空間について積分することにより求まる方程式から得ることができます．この状態がずっと続きます．実は，この方程式系は閉じた系ではありません．そこで，通常，温度が一定である，あるいは断熱変化であるとの仮定をして方程式系を閉じます．

温度（$T$）一定とすると，圧力は $P = \dfrac{3}{2} n \kappa T$ ですので，

$$\nabla P = \frac{3}{2} \kappa T \nabla n \tag{3.12}$$

となります．これを式（3.11）に代入すれば連続の式と運動方程式は連立して解くことができます．また，現象が早く，その間の系への熱の出入りが無視できる場合には断熱変化と見なせます．この場合

$$\frac{d}{dt}\left(P \rho^{-\gamma}\right) = 0$$

が成立します．ここで，$\gamma$ は比熱比です．したがって，

$$\frac{dP}{dt} = -\gamma P \nabla \vec{V} \tag{3.13}$$

が成立します．式（3.10），（3.11）はこの式と連立することにより解くことができます．

## (2) プラズマの導電率と誘電率

先に述べた運動方程式を用いて，プラズマの導電率，および誘電率を求めてみます．

(a) プラズマに直流の電界を印加した場合の導電率

直流の電流密度ベクトルを $\vec{J}_{\mathrm{DC}}$，直流電界を $\vec{E}_{\mathrm{DC}}$，直流の導電率を $\sigma_{\mathrm{DC}}$ とすると

$$\vec{J}_{\mathrm{DC}} = \sigma_{\mathrm{DC}} \vec{E}_{\mathrm{DC}}$$

となります．したがって，直流の導電率を求めるには直流の電流密度ベクトルと直流の電界ベクトルとの関係式を求めればよいことがわかります．

この場合，電流は電子が担いますので，直流の電流密度ベクトルは次式で表さ

れます．

$$\vec{J}_{DC} = -en_e\vec{V}_e$$

ここで，$-e$ は電子の電荷量，$n_e$ は電子の密度，$\vec{V}_e$ は電子の平均の速度です．

電子の運動方程式は

$$m_e n_e \frac{d\vec{V}_e}{dt} = -en_e(\vec{E} + \vec{V}_e \times \vec{B}) - \nabla P_e - m_e n_e \nu_c \vec{V}_e$$

ですが，磁束密度 $\vec{B} = \vec{0}$ で，圧力分布が空間的に一様 $(\nabla P_e = 0)$，電界は直流，定常状態 $\left(\dfrac{d}{dt} = 0\right)$ とすると，

$$-en_e\vec{E}_{DC} - m_e n_e \nu_c \vec{V}_e = 0$$

$$-en_e\vec{V}_e = \frac{e^2 n_e}{m_e \nu_c}\vec{E}_{DC}$$

となります．したがって，

$$\vec{J}_{DC} = \frac{e^2 n_e}{m_e \nu_c}\vec{E}_{DC}$$

となるので，

$$\sigma_{DC} = \frac{e^2 n_e}{m_e \nu_c} \tag{3.14}$$

となります．

(b) プラズマに交流の電界を印加した場合の導電率，誘電率など

交流の電界 $\vec{E}_{AC}$ を印加した場合のプラズマの導電率，誘電率は複素表示を用い求めます．交流回路理論での取り扱い方と同じです．電界，電流密度ベクトル，および電子の平均速度が $\exp(j\omega t)$ の形で時間変化するとします．すなわち，

$$\vec{E}_{AC} = \vec{E}_0 \exp(j\omega t)$$

$$\vec{J}_{AC} = \vec{J}_0 \exp(j\omega t)$$

$$\vec{V}_{AC} = \vec{V}_0 \exp(j\omega t)$$

で表されるとします．実際の電界は $\vec{E}_{AC} = \mathrm{Re}\{\vec{E}_0 \exp(j\omega t)\} = \vec{E}_0 \cos(\omega t)$ です．

直流の場合と同様の計算で，交流の場合の導電率（複素導電率）$\sigma$ が求まり，以下のようになります（練習問題 3.5）．

$$\sigma(\omega) = \frac{e^2 n_e}{m_e} \frac{1}{j\omega + \nu_c}$$

この式より，角周波数 $\omega$ が衝突周波数 $\nu_c$ より十分小さいときには直流の導電率と同じになることがわかります．

交流の場合のプラズマの誘電率（複素誘電率）は，プラズマを誘電体と見なしたときにプラズマ中に流れる変位電流に関する次式から求まります（練習問題 3.5）．プラズマを誘電体と見なせるのは交流の周波数がとても大きな場合です．

$$\vec{J}_{AC} = \frac{\partial \vec{D}_{AC}}{\partial t} = j\omega \varepsilon \vec{E}_{AC}$$

具体的な計算は練習問題（問 3.5）で行って下さい．

複素誘電率は

$$\varepsilon = \varepsilon_0 \left(1 - \frac{\omega_{pe}^2}{\omega(\omega - j\nu_c)}\right)$$

となります．角周波数 $\omega$ が衝突周波数 $\nu_c$ より十分に大きな場合は，この式は

$$\varepsilon = \varepsilon_0 \left(1 - \frac{\omega_{pe}^2}{\omega^2}\right)$$

と近似できます．

この式は，プラズマの誘電率が 1 より小さいを示しています．さらに，角周波数が電子プラズマ波の角周波数より小さい場合には誘電率が負になることを示しています．

（誘電率が負になるとどのような現象が起きるのでしょうか，考えてみてください）

## 練習問題

**問 3.1** プラズマ中に電荷 $q_0$ が存在するとして,そこから $r$ 離れた場所の電位が式 (3.5) で表されることを示しなさい.

**問 3.2** 2 枚の金属電極(電位 $\Phi = 0$,間隔 $L$)の間にプラズマが存在するとします.両電極近傍のシースの幅を $s$ とし,イオン密度は電極間で $n_0$ 一定,電子密度はシースでは 0,シースを除く電極間で $n_0$ であるとします.このとき,以下の問に答えなさい.ただし,イオンは 1 価とし電極にはシース内の電荷を中和する反対符号の電荷があるとします.
(a) 電極間の電位を求め図示しなさい.
(b) 電極間の電界を求め図示しなさい.
(c) 電極間中央での電位が $\dfrac{18\kappa T_e}{e}$ に等しいときのシース幅がデバイ長の何倍になるか計算しなさい.ただし,電子温度 $T_e$ は絶対温度 [K] で表されているとします.

**問 3.3** 問 3.2 では,境界領域(シース)内でイオン密度が電子密度より高いとしています.この理由を簡単に説明しなさい.

**問 3.4** 次の条件(電子温度,電子密度)下でのデバイ長(距離),電子プラズマ角振動数を求めなさい.
(a) $T = 1$ [eV], $n = 10^{12}$ [m$^{-3}$]
(b) $T = 10$ [eV], $n = 10^{17}$ [m$^{-3}$]
(c) $T = 10$ [keV], $n = 10^{20}$ [m$^{-3}$]

**問 3.5** プラズマの複素導電率,複素誘電率を求めなさい.

# 第4章 プラズマ内の波

この章では，前章で説明したプラズマを記述する方程式を基に，プラズマ内に存在する主な波，電子プラズマ波，イオン音波について述べます．これらの波は半導体プロセス用プラズマなどにおいて重要な役割を果たします．波がどのような波であるかはどのようにして判断するのでしょうか？角周波数（$\omega$）と波数（$k$）の関係，分散関係によってその波がどのような波であるかを判断します．この章を学ぶことにより，分散関係の導出法，および上記の波について理解することができます．

## 4.1 波の分散関係の求めかた

波を $A\exp(-j(\omega t - \vec{k}\cdot\vec{r}))$ の形（実部をとる場合は $A\cos(\omega t - \vec{k}\cdot\vec{r})$ の形）の波の重ね合わせと考えます．ここで，$A$ は振幅，$\omega$ は角周波数，$\vec{k}$ は波数ベクトル，$\vec{r}$ は位置ベクトルを表します．従って，$\vec{k}\cdot\vec{r} = k_x x + k_y y + k_z z$ となります．ということは，$A, \omega, \vec{k}$ が分かれば波を表現できます．$A$ は振幅，つまり波の強さを表すので，どのような波かを示すのは $\omega, \vec{k}$ です．この $\omega, \vec{k}$ の関係を分散関係といいます．

次に，分散関係を次の手順で求めてみます．
まず，
(1) 物理量（電界，磁界等）を（平均値）+（微小変動分）に分けます．
次に，
(2) 波を $A\exp(-j(\omega t - \vec{k}\cdot\vec{r}))$ の形で表せるとします．
そうすると，時間に関する偏微分，および傾斜は，

$$\frac{\partial}{\partial t} \to -j\omega$$

$$\nabla \to j\vec{k}$$

と置き換えることができます．各自計算してみて下さい．

(3) 得られた方程式を（平均値）≫（微小変動分）として線形化します．

すなわち，（微小変動分）の 2 乗以上の項を無視できる程小さいとして省略します．

(4) 微小変動分についてまとめ，

   （　　C　　）・（微小変動分）= 0

となるように整理します．

　　（微小変動分）≠ 0，すなわち（　　C　　）= 0 が微小振幅の波動が存在する必要条件となります．

　　（　　C　　）= 0 より，分散関係が求まります．

## 4.2　プラズマを記述する方程式の線形化

プラズマを記述するための方程式として，以下に示すマクスウェルの方程式の一部と連続の式，運動方程式を用います．ただし，イオンの価数は 1 とします．

用いるマクスウェルの方程式は次式です．

$$\mathrm{rot}\,\vec{E} = -\frac{\partial \vec{B}}{\partial t},$$

$$\mathrm{rot}\,\vec{B} = \frac{1}{c^2}\frac{\partial \vec{E}}{\partial t} + \mu_0 \left( en_i \vec{V_i} - en_e \vec{V_e} \right)$$

ここで，$\vec{E}$ は電界，$\vec{B}$ は磁束密度，$c$ は光速，$\mu_0$ は真空の透磁率，$e$ は素電荷量，$n_i$ はイオン密度，$n_e$ は電子密度，$\vec{V_i}$ はイオンの流速そして $\vec{V_e}$ は電子の流速です．

連続の式は次式です．

$$\frac{\partial n_e}{\partial t} + \mathrm{div}\left(n_e \vec{V_e}\right) = 0,$$

$$\frac{\partial n_i}{\partial t} + \mathrm{div}\left(n_i \vec{V_i}\right) = 0$$

## 4・2 プラズマを記述する方程式の線形化

運動方程式は次式です．

$$m_e n_e \frac{d\vec{V_e}}{dt} = -en_e\left(\vec{E} + \vec{V_e} \times \vec{B}\right) - \gamma_e \kappa T_e \nabla n$$

$$m_i n_i \frac{d\vec{V_i}}{dt} = en_i\left(\vec{E} + \vec{V_i} \times \vec{B}\right) - \gamma_i \kappa T_i \nabla n_i$$

ここで，$m_i$，$m_e$ はイオンおよび電子の質量，$\gamma_i$，$\gamma_e$ はイオンおよび電子の比熱比です．
温度は空間的に一様であるとしています．
次に，各物理量を平均値（添え字0）と微小変動する値（添え字1）に分けます．ただし，電界の平均値，磁束密度の微少変動分，各流速の平均値はゼロと仮定しています．

$$\vec{E} = \vec{E_1},$$
$$\vec{B} = \vec{B_0},$$
$$n_e = n_{e0} + n_{e1},$$
$$n_i = n_{i0} + n_{i1},$$
$$T_e = T_{e0} + T_{e1},$$
$$T_i = T_{i0} + T_{i1},$$
$$\vec{V_e} = \vec{V_{e1}},$$
$$\vec{V_i} = \vec{V_{i1}}$$

ここで，$n_{e0}=n_{i0}=n_0$ とします．
これらを，上で述べた式に代入し線形化（微小成分の2乗以上の項は十分小さいとして無視）し，整理すると次式が得られます（練習問題4.1）．

$$-\vec{k}\left(\vec{k} \cdot \vec{E_1}\right) + k^2 \vec{E_1} = \frac{\omega^2}{c^2}\vec{E_1} + j\omega\mu_0 n_0 e\left(\vec{V_{i1}} - \vec{V_{e1}}\right) \tag{4.1}$$

$$-j\omega m_e n_0 \vec{V_{e1}} = -en_0\left(\vec{E_1} + \vec{V_{e1}} \times \vec{B_0}\right) - j\gamma_e \kappa T_{e0} n_{e1}\vec{k} \tag{4.2}$$

$$-j\omega m_i n_0 \vec{V_{i1}} = en_0\left(\vec{E_1} + \vec{V_{i1}} \times \vec{B_0}\right) - j\gamma_i \kappa T_{i0} n_{i1}\vec{k} \tag{4.3}$$

$$-j\omega n_{e1} + jn_0 \vec{k} \cdot \vec{V}_{e1} = 0 \tag{4.4}$$

$$-j\omega n_{i1} + jn_0 \vec{k} \cdot \vec{V}_{i1} = 0 \tag{4.5}$$

## 4.3 電子プラズマ波とイオン音波

電子プラズマ波およびイオン音波は密度の粗密波で，高密度と低密度の領域が伝搬していく波です．空気の粗密波である音波と類似しています．これらの波の分散関係を磁束密度がゼロの場合（$\vec{B_0} = \vec{0}$）について求めます．

(4.1)，(4.2)，(4.4) 式より $\vec{E_1}$，$\vec{V}_{e1}$ を消去し整理すると次式を得ます．

$$\left[\omega^2 - \left(\frac{n_{e0}e^2}{\varepsilon_0 m_e} + \gamma_e \frac{\kappa T_{e0}}{m_e} k^2\right)\right] n_{e1} = 0$$

電子密度の微小振動が存在するためには

$$\omega^2 - \left(\frac{n_{e0}e^2}{\varepsilon_0 m_e} + \gamma_e \frac{\kappa T_{e0}}{m_e} k^2\right) = 0 \tag{4.6}$$

が成立する必要があります．ここで，$\omega_{pe} = \sqrt{\dfrac{n_e e^2}{\varepsilon_0 m_e}}$（電子プラズマ振動の角周波数）と $V_e = \sqrt{\dfrac{\kappa T_e}{m_e}}$ を用いて式 (4.6) を書き直すと

$$\omega^2 - \left(\omega_{pe}^2 + \gamma_e V_e^2 k^2\right) = 0 \tag{4.7}$$

となります．式 (4.6)，または式 (4.7) を電子プラズマ波の分散関係といいます（練習問題 4.2）．**図 4.1** に電子プラズマ波の分散関係を示します．

イオン音波の分散関係も同様にして求まります．準中性としたときのイオン音波の分散関係は次式となります（練習問題 4.3）．

## 4・3 電子プラズマ波とイオン音波

$$\frac{\omega}{k} = \left(\frac{\gamma_e \kappa T_{e0} + \gamma_i \kappa T_{i0}}{m_i}\right)^{\frac{1}{2}}$$

イオン音波の分散関係を図 4.2 に示します．

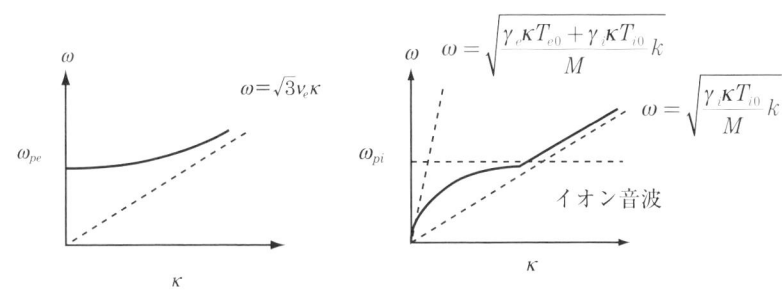

図 4.1　電子プラズマ波の分散関係　　図 4.2　イオン音波の分散関係

磁束密度がゼロでない場合については付録 A4.1 で述べます．また，それ以外の波については参考文献（4.1），（4.2）を参照してください．

## 練習問題

**問 4.1** 連続の方程式を線形化した式 (4.4), (4.5) を求めなさい.

**問 4.2** 電子プラズマ波の分散関係, 式 (4.6) を求めなさい.

**問 4.3** イオン音波の分散関係を求めなさい.

**問 4.4** 電子温度が 0 のとき, 電子プラズマ波が電子プラズマ振動となることを示しなさい.

# 第5章　拡散とプラズマ密度分布

　この章では容器内に閉じ込められた定常状態のプラズマについて考えます．衝突が頻繁に起きているプラズマ中では荷電粒子の移動は拡散により生じます．ここでいう拡散とは，荷電粒子の密度が高い領域があるとそこの荷電粒子が低密度の領域に衝突をしながら広がっていく現象です．この現象を記述する方程式をまず導出し，簡単な場合の密度分布およびその時間変化を求めてみます．この章を学ぶことにより，容器内に閉じ込められたプラズマの密度分布の推定ができるようになります．

## 5.1　拡散係数

　荷電粒子の運動を記述するのは3章で紹介した運動方程式です．
　磁束密度がゼロ（$\vec{B}=\vec{0}$）の場合の運動方程式は次式となります．

$$m_j n_j \frac{d\vec{V_j}}{dt} = q_j n_j \vec{E} - \nabla P_j - m_j n_j \nu_{jc} \vec{V_j}$$

ここで，$j$は電子の場合は$e$を，イオンの場合は$i$を表し，$\nu_{jc}$は$j$粒子の衝突周波数（1秒間に衝突する回数）を表します．

定常状態では左辺は0となりますので，

$$q_j n_j \vec{E} - \nabla P_j - m_j n_j \nu_{jc} \vec{V_j} = \vec{0}$$

となります．今，圧力は$P_j = n_j \kappa T_j$で，温度は空間的に一定とすると速度は次式で表されます．

$$\vec{V_j} = \frac{q_j \vec{E}}{m_j \nu_{jc}} - \frac{\kappa T_j}{m_j \nu_{jc}} \frac{\nabla n_j}{n_j}$$

単位面積を単位時間に通過する粒子数（粒子束：$\vec{\Gamma}$）は速度と密度の積なので

$$\vec{\Gamma}_j = n_j \vec{V}_j = \pm \mu_j n_j \vec{E} - D_j \nabla n_j$$

となります．この式で正電荷の場合は＋，負電荷（例えば電子）の場合は－となります．

ただし，$D_j = \dfrac{\kappa T_j}{m_j \nu_{jc}}$ 〔$\mathrm{ms^{-1}}$〕，$\mu_j = \dfrac{|q_j|}{m_j \nu_{jc}}$ 〔$\mathrm{m^2 V^{-1} s^{-1}}$〕となります．ここで $D_j$ は拡散係数と呼ばれ，おおよそ次のような値となります．

$$D_j \approx \frac{\pi}{8} \lambda_j^2 \nu_{jc} \approx （平均自由行程）^2 \times （衝突周波数）$$

また，$\mu_j$ は移動度です．

プラズマ中の電子とイオンの数密度（イオンの価数を 1 としています）はほぼ等しくプラズマは電気的にほぼ中性です．しかし，電子の拡散速度は，通常イオンの拡散速度よりはるかに速いと考えられます．これは，電子の質量が軽く，また電子の温度の方が通常高いためです．では，なぜ電子の拡散が速いと考えられるのに数密度は等しく保たれるのでしょうか？実は，電子が初期に早く壁まで拡散した結果，壁とプラズマとの間に電位差が発生し，電子の壁への拡散は抑制されイオンの拡散は促進されます．その結果，定常状態では電子とイオンの拡散は同程度となります．この時の拡散を両極性拡散と呼びます．次にこの両極性拡散係数を求めてみます．

今，プラズマは定常状態になっているが，初期における電子の拡散速度が早いために電界 $\vec{E}$ が発生しているとします．このときの，電子およびイオンの粒子束は次式で表されます．

$$\vec{\Gamma}_e = n_e \vec{V}_e = -\mu_e n_e \vec{E} - D_e \nabla n_e \tag{5.1}$$

$$\vec{\Gamma}_i = n_i \vec{V}_i = \mu_i n_i \vec{E} - D_i \nabla n_i \tag{5.2}$$

電子とイオンの密度がほぼ等しく $n_e = n_i = n$ であるとし，また両者の粒子束が等しいとして電界を求めると

$$\vec{E} = \frac{D_i - D_e}{n(\mu_e + \mu_i)} \nabla n$$

となります．この電界を電子の粒子束の式に代入して整理すると

$$\vec{\Gamma}_e = -D_a \nabla n \left(= \vec{\Gamma}_i\right) \tag{5.3}$$

となります．ただし，$D_a = \dfrac{\mu_e D_i + \mu_i D_e}{\mu_e + \mu_i}$ です．イオンの粒子束も同様に表せます．このように，定常状態において電子とイオンが電界の影響で同じ早さで拡散することを両極性拡散といい，$D_a$ を両極性拡散係数といいます．

通常，電子の移動度はイオンの移動度よりかなり大きく，また移動度と拡散係数，温度との間にはアインシュタインの関係式 $\dfrac{D}{\mu} = \dfrac{\kappa T}{e}$ が成立するので，両極性拡散係数は

$$D_a \approx D_i \left(1 + \dfrac{T_e}{T_i}\right) \tag{5.4}$$

と表されます．もし，電子温度とイオン温度がほぼ等しい場合には両極性拡散係数はイオンの拡散係数の2倍となります．

## 5.2 拡散方程式と定常状態での密度分布

密度分布を求めてみます．定常状態であるとして密度は時間変化しないとします．また，再結合は無視できる程小さいとします．この場合，外部などから注入されたエネルギーにより電離が行われますが，電離により増加した荷電粒子は拡散により流失してしまい密度分布が変化しない場合を想定しています．直流放電プラズマや半導体プロセス用の多くのプラズマなどがこうした状態と考えられます．この場合の電子密度分布を表す方程式は次式となります．

$$\nabla n_e \vec{V}_e = \nabla \vec{\Gamma}_e = \nu_i n_e$$

ここで $\nu_i$ は電離頻度で1個の電子が一秒間に電離する回数です．この式に式(5.3) を代入し整理すると

$$D_a \nabla^2 n + \nu_i n = 0 \tag{5.5}$$

となります.

　次に,プラズマは長い円柱状の放電管(細長い蛍光灯を想像してください)内で生成・維持されていて,軸方向(z方向),θ方向の密度が一様な場合についてこの式を解いてみます.この場合,密度は径方向(r方向)のみの関数となります.
　式(5.5)を円筒座標系で表し,z方向,θ方向の密度は一様であると近似し,式(5.5)を円筒座標系で表すと

$$\frac{d^2 n}{dr^2} + \frac{1}{r}\frac{dn}{dr} + \frac{\nu_i}{D_a} n = 0$$

となります.この式はベッセルの微分方程式で,その解は $n$ 次のベッセル関数とノイマン関数の線形和となります.今回考えているプラズマの密度分布は中心で密度が最大となります.それを満たすためには,解は零次のベッセル関数で表す必要があります.また,零次のベッセル関数 $J_0$ は図 5.1 に示したような形をしています.中心の値は 1 ですので,中心の密度を $n_0$ とすると,解(密度分布)は次のように表されます[5.1],[5.2].

$$n(r) = n_0 J_0 \left( r\sqrt{\frac{\nu_i}{D_a}} \right) \tag{5.6}$$

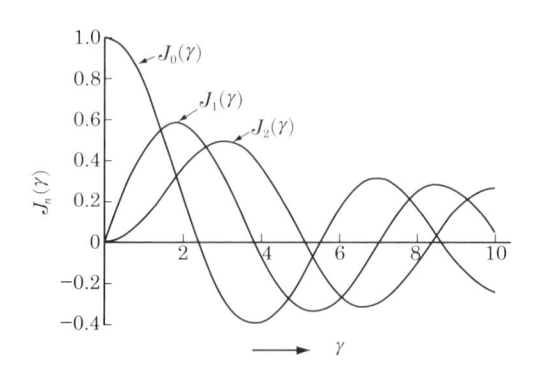

図 5.1 ベッセル関数の概略図

　零次のベッセル関数は $r=2.405$ で零となります(図 5.1 参照).一方,内径 $a$

の放電管ではその壁のところでプラズマは消失し，プラズマ密度は零となります．従って，密度分布は式（5.7）のようにも表せます．

$$n(r) = n_0 J_0\left(2.405\frac{r}{a}\right) \tag{5.7}$$

ここでは荷電粒子の衝突が頻繁に起こり，壁への粒子流失が拡散によるとしてきましたが，もし，粒子間の衝突が少ない場合はどのようになるでしょうか？その場合は密度分布はより平坦な形となります．

## 5.3 密度分布の時間変化

次に，放電管の電源スイッチを切断した場合を考えます．この場合，外部からのエネルギー注入はなくなり，温度が下がりますので電離頻度はほぼ零となりプラズマの発生はなくなります．一方，プラズマは壁まで拡散しそこで再結合して消滅しますので密度は低下し続け，最後になくなります（プラズマ本体での再結合は壁での再結合より十分小さいとしています）．こうした場合を記述する方程式は以下に示す連続の式です．

$$\frac{\partial n}{\partial t} + \nabla n\vec{V} = 0$$

この式に式（5.3）を代入すると次の方程式が得られます．

$$\frac{\partial n}{\partial t} = D_a \nabla^2 n \tag{5.8}$$

この方程式を先ほど同様，細長い円柱状の放電管において，軸方向（z方向），θ方向の密度が一様との条件下で解いてみます．

解は次の形をしていると仮定します．

$$n(r,t) = n_1(r)\exp\left(-\frac{t}{\tau}\right)$$

この解を式（5.8）に代入して整理すると，

$$\nabla^2 n_1 + \frac{n_1}{\tau D_a} = 0$$

となります．この方程式は形式的に式 (5.5) と同じですので解は前回と同様にして求まり，

$$n_1(r) = n_0 J_0\left(r\frac{1}{\sqrt{\tau D_a}}\right) \tag{5.9}$$

となります．ここで $n_0$ は時刻 $t=0$（電源スイッチを切った時刻）における中心部の密度です．一方，放電管の内径を $a$ とすると前に述べた理由により

$$n_1(r) = n_0 J_0\left(2.405\frac{r}{a}\right) \tag{5.10}$$

と表せます．従って，密度分布の時間変化は次式で表すことができます．

$$n(r,t) = n_0 J_0\left(2.405\frac{r}{a}\right)\exp\left(-\frac{t}{\tau}\right)$$

この式は，零次のベッセル関数の形をしたまま指数関数的に密度が減衰していくことを示しています．その時の減衰の時定数は $\tau$ です．また，式 (5.9) と (5.10) の比較から

$$\frac{1}{\sqrt{\tau D_a}} \approx \frac{2.405}{a} \quad \text{従って，} \quad \tau \approx \frac{a^2}{5.8 D_a} \quad \text{となることがわかります．}$$

このことは，密度の減衰の時定数を測定することから拡散係数が推定できることを示しています．

## 練習問題

**問 5.1** アインシュタインの関係式 $\dfrac{D}{\mu} = \dfrac{\kappa T}{e}$ を用いて両極性拡散係数が $D_a \approx D_i \left(1 + \dfrac{T_e}{T_i}\right)$ と近似できることを示しなさい．

**問 5.2** 1次元（直交座標系）の場合の拡散方程式の解を求めなさい．
ただし，$x \leq -L/2$，$x \geq L/2$ で $n=0$，時刻 $t=0$ での中心（$x=0$）の密度は $n=n_0$ とします．

# 第6章 プラズマの温度・密度の推定と容量結合形プラズマ源

この章では,最初に,容器内に維持されたプラズマの温度,密度の推定法について述べます.すなわち,定常状態ではプラズマ内で発生する荷電粒子数と流失する荷電粒子数が等しいことから電子温度を,単位時間にプラズマが吸収するエネルギーとプラズマから流失するエネルギーが等しいことからプラズマ密度を推定する方法について述べます.次に典型的なプラズマ発生・維持装置である容量結合形プラズマ源について簡単に説明し,この装置内で生成・維持されているプラズマの電子温度・密度について推定します.この章を学ぶことにより容量結合形プラズマ源の電子温度,密度の近似値を計算することができるようになります.

## 6.1 電子温度と密度の推定 (6.1)

プラズマを利用するときに最も重要なパラメータは電子温度と密度です.ここでは,半導体プロセス用に用いられているプラズマを例として,それらを推定する方法について述べます.図 6.1 のような半径 $R$,高さ $L$ の円筒形のプラズマ容器に外部から $P$ 〔W〕のエネルギーがプラズマに注入されてプラズマが維持され,定常状態になっていると仮定します.

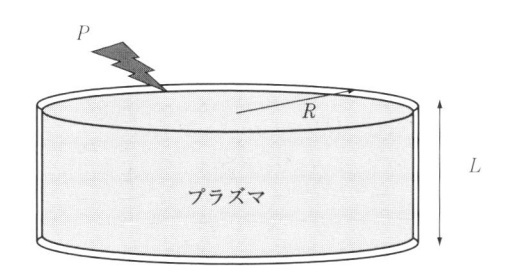

図 6.1 円筒形容器内に維持されているプラズマ

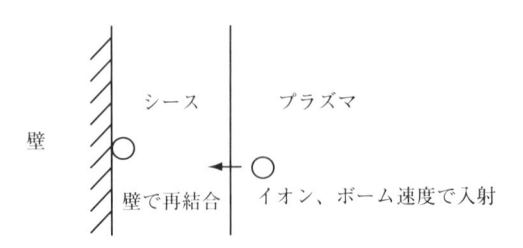

**図 6.2** シースに進入するイオン

プラズマ本体と容器壁との間には境界領域（シース）が存在しますがその厚さは容器寸法に比べて十分薄いとし，プラズマの寸法，体積は容器の値と同じとします（仮定1）．プラズマ本体からシースに入射するイオンの速度はボーム速度 $u_B$（付録 A6.2）程度で，入射したイオンは全て壁に達し，そこで再結合・消滅するとします（仮定2）．プラズマの平均の密度 $n_0$ とプラズマ本体とシースとの境界領域の密度 $n_s$ の比は場所によらずどこでも一緒とし，その値を $h$ とします（仮定3）．

### （1） 電子温度の推定

電子温度は以下の式で示される粒子バランスの式から推定します．粒子バランスの式は，

（単位時間当たりの壁への流出によるイオンの損失数）
≈（単位時間当たりの電離によるイオンの発生数）

というもので，

$$n_0 u_B (2\pi R^2 h + 2\pi R L h) \approx K_{iz} n_g n_0 \pi R^2 L \tag{6.1}$$

と表されます．ここで，$n_0 (\approx n_e \approx n_i)$ はプラズマ密度，$n_g$ は中性ガス密度，$K_{iz}$ は電離率で，$K_{iz} n_g (= \nu_i)$ は電離頻度（1秒間に1個の電子が電離する回数），$n_0 h$ はシース端（プラズマ側）でのプラズマ密度となります．

式（6.1）を整理すると

$$\frac{K_{iz}}{u_B} = \frac{1}{n_g d_{eff}} \tag{6.2}$$

## 6・1 電子温度と密度の推定

となります．ここで，$d_{eff}$ はプラズマの実効的な寸法で，次式で表されます．

$$d_{eff} = \frac{1}{2}\frac{RL}{h(R+L)} \tag{6.3}$$

式（6.2）の左辺は温度のみの関数です．従って，中性ガス密度と実効的な寸法の積が決まると電子温度が定まります．アルゴンガスを用いたプラズマにおける，電子温度の $n_g d_{eff}$（中性ガス密度と実効的な寸法の積）依存性を**図 6.3** に示します．この図から電子温度を推定することができます（練習問題 6.1）．

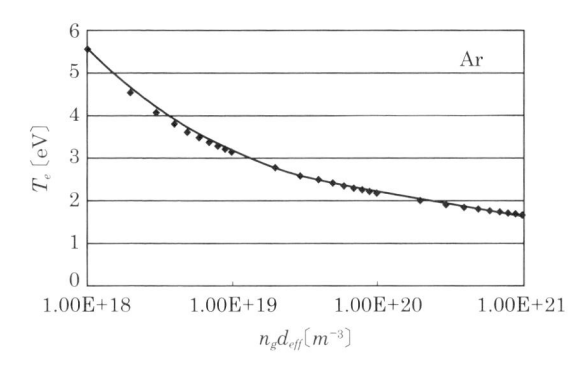

**図 6.3** 電子温度の中性ガス密度と実効的な寸法の積依存性
（参考文献 6.1 のグラフから近似式を求めました．近似式は

$$T_e = -0.1755\left[\log_{10}\left(n_g d_{eff}\right)\right]^3 + 10.716\left[\log_{10}\left(n_g d_{eff}\right)\right]^2 \\ -218.66\left[\log_{10}\left(n_g d_{eff}\right)\right] + 1493.03$$

です）

### （2）密度の推定

密度は以下の式で示されるパワーバランスの式から推定します．パワーバランスの式は，

　　（壁への粒子流出により失われた単位時間当たりのエネルギー）
　　　≈（単位時間当たりの吸収エネルギー）

というもので，

$$n_0 u_B A_{eff} \varepsilon_T \approx P_{abs}$$

と表されます.ここで,$u_B$ はボーム速度(イオンがシースに入るときに持っている平均の速度),$A_{\mathit{eff}}$ はプラズマの実効的な表面積で $A_{\mathit{eff}} = 2\pi R(R+L)h$ と表され,$\varepsilon_T$ は壁へ流失したイオンと電子のペアが発生してから消滅するまでに電離や励起などに消費したエネルギー($\varepsilon_c$)と持ち出した平均のエネルギー($\varepsilon_i + 2T_e$)の和($\varepsilon_T = \varepsilon_c + \varepsilon_i + 2T_e$),$P_{abs}$ はプラズマが吸収した単位時間当たりのエネルギーです.このパワーバランスの式より密度の推定値は次式より求まります(練習問題 6.2).

$$n_o = \frac{P_{abs}}{u_B A_{\mathit{eff}} \varepsilon_T} \tag{6.4}$$

なお,**図 6.4** にアルゴンプラズマにおける $\varepsilon_c$ の電子温度依存性を示します.$\varepsilon_i$ は壁に流失するイオンが持ち出すエネルギーでシースの電位差を $V_s$,イオンの質量を $m_i$,イオンの価数は 1 とすると

$$\varepsilon_i \approx eV_s + \frac{1}{2} m_i u_B^{\,2}$$

と表せます.絶縁壁の場合,シースの電位差の値は $V_s = \dfrac{T_e}{2} \log\left(\dfrac{m_i}{2\pi m_e}\right)$ 〔V〕となります.この値はアルゴンプラズマでは約 $4.7T_e$ です.ここで電子温度 $T_e$ は〔eV〕

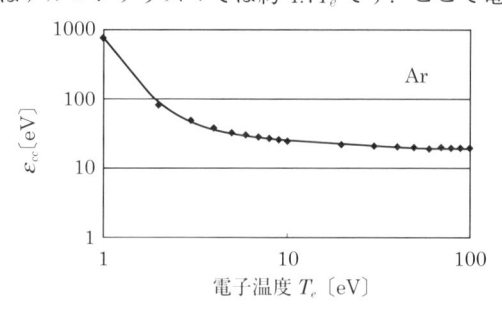

**図 6.4** $\varepsilon_c$ の電子温度依存性(参考文献 6.1 のグラフから近似式を求めました.近似式は

$$\log_{10} \varepsilon_c = 0.4555 \left(\log_{10} T_e\right)^4 - 2.4317 \left(\log_{10} T_e\right)^3$$
$$+ 4.8071 \left(\log_{10} T_e\right)^2 - 4.3348 \left(\log_{10} T_e\right) + 2.892$$

6・2 容量結合形プラズマ源

です）
の単位の値を入れます．$\frac{1}{2}m_iu_B^2$ は前に述べましたように $\frac{T_e}{2}$ 程度ですので，絶縁壁の場合 $\varepsilon_i \approx 5.2eT_e$ となります．なお，導体壁で負の直流バイアス（$V_{dc}$）が印加されている場合は $V_s \approx V_{dc}$．後述する容量結合形プラズマ発生装置のように電極で振幅 $V_{rf}$ の高周波電源が接続されている場合は $V_s \sim (0.4-0.8) \times V_{rf}$ となります．電子の持ち出すエネルギーが $2T_e$ となっているのはエネルギーの高い電子ほど流失しやすいからです．

## 6.2 容量結合形プラズマ源（CCP）

CCPは容器内の2枚の平行平板形電極にラジオ周波数（RF）の電源を接続しプラズマを発生・維持する装置です（図6.5）．装置が簡単な上，比較的容易に大面積で一様なプラズマを生成・維持できるため半導体プロセスにおいて利用されてきました．この装置で維持されるプラズマの電子温度と密度をここでは見積もってみます．

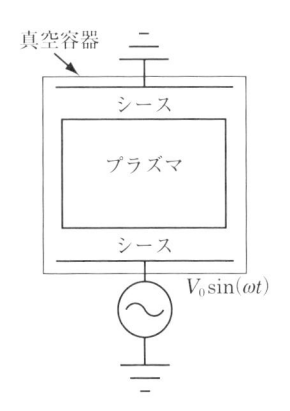

図6.5 容量結合形プラズマ源（CCP）とその等価回路

### （1）等価回路

超粒子シミュレーションで求めた電極間の密度と電位の分布の例を図6.6に示

します．

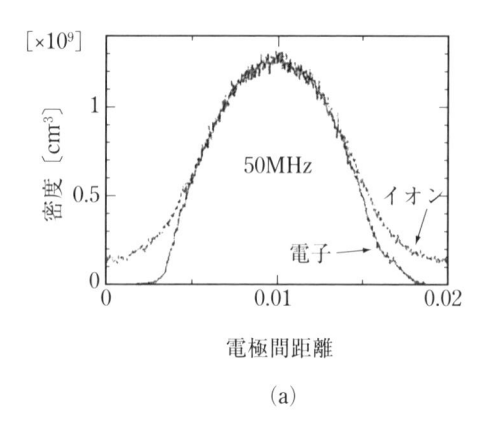

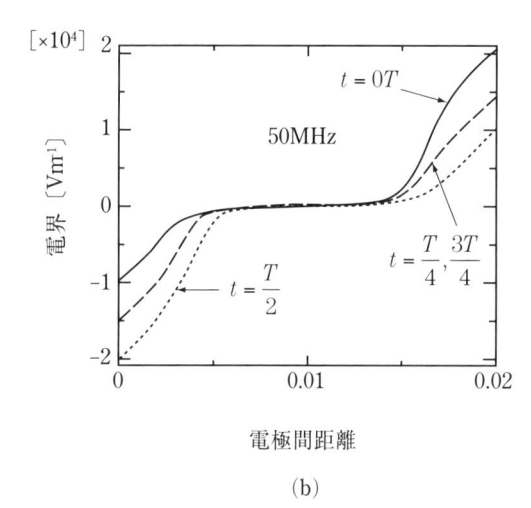

(a)

**図 6.6** CCP 電極間の(a)密度分布と(b)電位分布
(15 章で紹介するプログラムで計算，駆動電圧 40〔V〕，周波数 50〔MHz〕，ガス種はアルゴン，ガス圧 1.33〔Pa〕(10〔mTorr〕)，電極間隔 2〔cm〕，電極面積 100〔$cm^2$〕)

CCP 内はプラズマ本体（電界がほぼ 0 の部分）とシース領域からなっていることがわかります．プラズマ本体の密度分布形状は拡散により決まります．ガス

## 6・2 容量結合形プラズマ源

圧をさらに下げると密度分布はより平坦な形状になります．シース領域では電子密度がイオンより低く，そのため強いシース電界が生じています．この電界の分布は時間とともに振動していることがわかります．等価回路では，プラズマ本体は抵抗で近似し，シース領域は電界のエネルギーが蓄えられていることからキャパシタで近似することができます（図 6.7）．

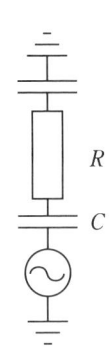

図 6.7 容量結合形プラズマ源（CCP）の等価回路

### （2） 電子温度・密度の推定

CCP の電極面積を $S \approx 0.01 \,[\mathrm{m}^2]$（半径 $R \approx 0.0564 \,[\mathrm{m}]$），電極間隔を $L \approx 0.1 \,[\mathrm{m}]$，シース幅を $d \approx 0.001 \,[\mathrm{m}]$，密度を $n_e \approx 1.5 \times 10^{16} \,[\mathrm{m}^{-3}]$，中性ガス（アルゴン）の圧力を $P \approx 1.33 \,[\mathrm{Pa}]$（$n_g \approx 3.3 \times 10^{20} \,[\mathrm{m}^{-3}]$），高周波電源の周波数を $f=13.56 \,[\mathrm{MHz}]$，電圧の振幅の実効値を $1 \,[\mathrm{kV}]$ とした場合の，プラズマ電子温度・密度を推定してみます．

(a) 電子温度の推定

プラズマ本体とシースとの境界領域の密度 $n_s$ の比 h は 0.3 と仮定すると，プラズマの実効的寸法は

$$d_{\mathit{eff}} = \frac{1}{2}\frac{RL}{h(R+L)} \approx 0.0601$$

となるので，

$$n_g d_{\mathit{eff}} = 1.98 \times 10^{19}$$

となります.この値をもとに図6.3より,電子温度は2.6〔eV〕と推定できます.もし,電子温度をより低温にすることを望むなら,中性ガスの圧力を上げて運転するか,またはプラズマの実効的な寸法を大きくすればよいことがわかります.一方,高温にしたい場合はその逆の方向に変えることが必要です.

(b) プラズマ密度の推定

プラズマ密度の推定には式(6.4)

$$n_o = \frac{P_{abs}}{u_B A_{eff} \varepsilon_T}$$

を用います.

ここで,ボーム速度 $u_B$ は $\frac{1}{2}m_i u_B^2 = \frac{eT_e}{2}$ (電子温度は〔eV〕で表す)より1.77×$10^3$〔m/s〕です(アルゴンの質量は $m_i$=6.7×$10^{-26}$〔kg〕).実効的表面積は $A_{eff}=2\pi r(R+L)h=0.0166$ です.また,$\varepsilon_T$ は $\varepsilon_T=\varepsilon_c+\varepsilon_i+2T_e$ で,$\varepsilon_c$ は電子温度が2.6〔eV〕ですので図6.4より約50〔eV〕,$\varepsilon_i \approx 0.4V_{rf} \approx 566$〔eV〕なので,$\varepsilon_T \approx 620$〔eV〕$\approx 1 \times 10^{-16}$〔J〕とします.

次にプラズマによるエネルギー吸収 $P_{abs}$ を評価します.まず,CCPの等価回路の静電容量 $C$ と抵抗 $R$ を評価してみます.静電容量 $C$ は $C \approx \frac{\varepsilon_0 S}{d} \approx 6.2 \times 10^{-10}$〔F〕,抵抗 $R$ は $R \approx \frac{L}{\sigma S} \approx 0.067$〔Ω〕(ただし,$n_e \approx 1.5 \times 10^{16}$,$\nu_c \approx 6.6 \times 10^6$〔m$^{-3}$〕として,$\sigma \approx \frac{e^2 n_e}{m_e \nu_c} \approx 64$)となります.この等価回路に実効値 $V_e$ の電圧が印加されたときの抵抗 $R$ での消費電力 $P_{abs}$ がプラズマでの吸収電力 $P_{abs}$ ですので図6.7の等価回路を基に計算すると,

$$P_{abs} = IR^2 = \frac{\omega^2 C^2 R V_e^2}{4 + \omega^2 C^2 R^2}$$

となります.上記の例では,$P_{abs} \approx 47$〔W〕となります.

以上の求めた値を式(6.4)に代入すると

$$n_0 = \frac{P_{abs}}{u_B A_{eff} \varepsilon_T} \approx 1.6 \times 10^{16} \ [\text{m}^{-3}]$$

となります．この計算では全ての壁に流失するイオンのエネルギーが同じだとし，その値は駆動電極でのシース電位降下の値から計算した値を用いましたが，実際には駆動電極以外の壁へ流失するイオンはもう少し小さなエネルギーを持ち出します．従って $\varepsilon_T$ の値は減り密度はより高い値となると予想されます．なお，プラズマの抵抗 $R$ を計算する際に密度の推定値を使いましたが，推定値と計算結果が一致しない場合は再度推定値を変えて計算します．今回はほぼ近い値になりましたので繰り返し計算はしていません．

CCPでは，高密度にしようとして，高周波電源の電圧を上げると，$\varepsilon_T$ の値（直接的には $\varepsilon_i$ の値）も大きくなりエネルギー損失が増大します．従って，CCP で高密度プラズマを生成・維持することは困難です．また，CCP では電極がプラズマと接触しますので，電極からの不純物がプラズマに混入する恐れがあります．そのため，不純物の影響が大きい場合のプラズマプロセスには不向きです．

### (3) 整合回路

実際には電源と電極を図 6.8(a)のように直接結合することはありません．それは電源のインピーダンスとプラズマのインピーダンスの整合がとれずエネルギー伝送の効率が悪いためです．このことについて考察してみます．図 6.8(b)は RF 電源と CCP の間に整合回路を挟んだ場合の等価回路です．

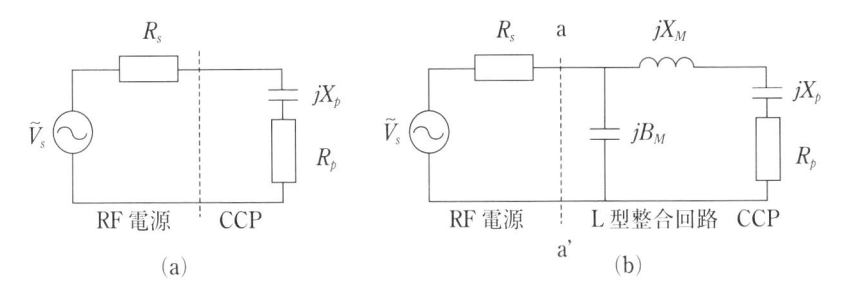

図 6.8 (a) RF 電源を CCP に直接つないだ場合の等価回路と
(b) 整合回路を途中で挟んだ場合の等価回路

図 6.8(a)の場合，CCP のプラズマに印加される電圧 $\widetilde{V}_{rf}$，プラズマに流れる電流 $\widetilde{I}_{rf}$ は次式で表されます．

$$\widetilde{V}_{rf} = \widetilde{I}_{rf}\left(jX_p + R_p\right)$$

$$\widetilde{I}_{rf} = \frac{\widetilde{V}_s}{R_s + jX_p + R_p}$$

従って，プラズマにおいて吸収される平均パワー $\overline{P}$ は

$$\overline{P} = \frac{1}{2}R_e\left(\widetilde{V}_{rf}\widetilde{I}_{rf}^{\;*}\right) = \frac{1}{2}\left|\widetilde{V}_s\right|^2 \frac{R_p}{\left(R_s + R_p\right)^2 + X_p^{\;2}}$$

となります．電源電圧，内部抵抗を一定とすると平均パワーが最大になるのは $\dfrac{\partial \overline{P}}{\partial X_p} = 0$，および $\dfrac{\partial \overline{P}}{\partial R_p} = 0$ が満たされたときです．この両式より，$X_P = 0$，$R_p = R_S$ のとき吸収パワーは最大値

$$\overline{P}_{\max} = \frac{1}{4}\frac{\left|\widetilde{V}_s\right|^2}{R_s}$$

となります．しかし，$X_P \neq 0$, $R_p \ll R_S$ ですので，最大吸収パワーを得るには図 6.8(b)のような整合回路が必要です．

図 6.8(b)の aa' からプラズマ側を見たときのアドミッタンス $Y_{aa'}$ は

$$Y_{aa'} = jB_M + \frac{R_p - j(X_M + X_p)}{R_p^{\;2} + \left(X_M + X_p\right)^2}$$

$$= \frac{R_p}{R_p^{\;2} + \left(X_M + X_p\right)^2} + j\left(B_M - \frac{X_M + X_p}{\left(X_M + X_p\right)^2 + R_p^{\;2}}\right)$$

となります．吸収パワーを最大にするには，先の計算から

$$\frac{R_p}{R_p^{\;2} + \left(X_M + X_p\right)^2} = \frac{1}{R_s} \tag{6.5}$$

および

$$B_M - \frac{X_M + X_p}{\left(X_M + X_p\right)^2 + R_p^{\,2}} = 0 \tag{6.6}$$

が成立する必要があります．この2式から整合回路の静電容量 $C_M$ とインダクタンス $L_M$ を求めることができます．すなわち，式 (6.5) より整合回路のインダクタンスおよび静電容量の値は

$$L_M = \frac{X_M}{\omega} = \frac{\sqrt{R_s R_p - R_p^{\,2}} - X_p}{\omega}$$

$$C_M = \frac{B_M}{\omega} = \frac{\sqrt{R_s R_p - R_p^{\,2}}}{R_s R_p}$$

となります．整合回路としてはここで紹介したL形回路の他，π形回路およびT形回路があります．

## 練習問題

**問 6.1** 半径 $R=0.15$ 〔m〕, 高さ $L=0.15$ 〔m〕の円柱状アルゴンプラズマを考えます. 中性ガス密度 $n_g=3.3 \times 10^{19}$ 〔m$^{-3}$〕($298$ 〔k〕, $0.13$ 〔Pa〕相当)としてこのプラズマの電子温度を推定しなさい. ただし, プラズマ本体とシースとの境界領域の密度 $n_s$ の比 $h$ は 0.3 とします.

**問 6.2** 問 6.1 においてプラズマによる吸収パワーが 800 〔W〕, 壁は絶縁壁だとして, このときのプラズマの密度を推定しなさい. ただし, プラズマ本体とシースとの境界領域の密度 $n_s$ の比 $h$ は 0.3 とします. (参考:アルゴン原子の質量 $\approx 6.7 \times 10^{-26}$ 〔kg〕)

**問 6.3** 容量結合形 RF プラズマ源の密度は他のプラズマ源と比較して低くなる傾向があります. その原因について簡単に説明しなさい.

# 第7章　誘導結合形プラズマ源

前章で紹介した容量結合形プラズマ源は電極がプラズマに直接接触するため電極からの不純物混入の心配がありました．また，密度も低密度になる傾向がありました．低密度の主な原因はシース領域に電源電圧の大部分が印加されるため，流失するイオンがそこで加速され大きなエネルギー損失を引き起こすことによります．そこで，シース間の電位差を小さくすることにより高密度プラズマが得られると考えられます．この章では，こうした条件にマッチした高密度プラズマ源として誘導結合形プラズマ源（ICP）を紹介します．この章を学ぶことにより誘導結合形プラズマ源の概要が理解でき，そのプラズマパラメータ等を計算できるようになります．

## 7.1　誘導結合形プラズマ源

一般的な誘導結合形プラズマ源（ICP）は図 7.1 に示すように，プラズマ容器とその外部に設置された 1 次コイルからなります．プラズマへのエネルギー供給は 1 次コイルに流した電流がファラデーの法則に従ってプラズマ中に電圧を誘起

(a) 側面コイル形　　(b) アンテナトップ形

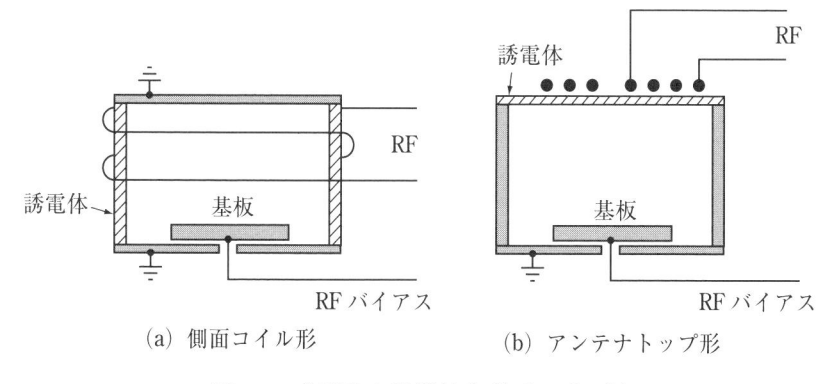

図 7.1　典型的な誘導結合形プラズマ源

し，その結果電流が流れエネルギーを供給します．このため，プラズマがコイルと直接触れることはありません．また，壁（絶縁壁）とプラズマとの電位差は

$$V_s = \frac{T_e}{2} \log\left(\frac{m_i}{2\pi m_e}\right) \text{〔V〕}$$

程度となります[(7.1)]．ここで$T_e$は〔eV〕の単位で表した電子温度で，$m_i$, $m_e$はイオンと電子の質量です．アルゴンプラズマにおける壁とプラズマとの電位差（シース間電圧）は約$4.7T_e$〔V〕程度です．例えば，電子温度が約4〔eV〕なら電位差は約19〔V〕となります．従って，イオンが壁へ流失するときのエネルギー損失もさほど大きくはありません．

次に，ICPで発生・維持できるプラズマの密度・温度について推定してみます．そのためには吸収パワーの評価が必要です．そこで，まず，ICPにおける吸収パワーについて考えます．

## 7.2　アンテナが容器上面に存在する誘導結合形プラズマ源（アンテナトップ形 ICP）[(7.2)]

プロセス用のICPとしては図7.1 (b) のアンテナトップ形ICPがよく用いられます．そこで，このタイプのICPについて考えます．

### (1)　プラズマ内の電磁界

この場合の電磁界の概略を図7.2に示します．

電源の周波数を$f = 10^7$〔s$^{-1}$〕とすると，波長は$\lambda \approx \dfrac{c}{f} \approx 30$〔m〕となり，

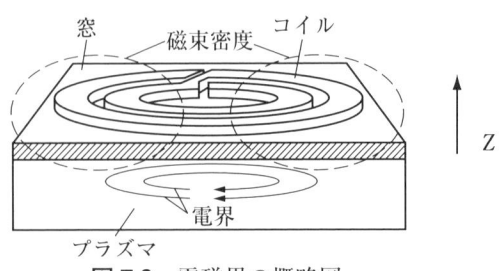

**図7.2　電磁界の概略図**

## 7・2 アンテナが容器正面に存在する誘導結合形プラズマ源

プラズマ寸法より十分に大きな値となります．従って，空間的な位相の変化は無視できます．

プラズマ中での電界分布はマクスウェルの方程式から計算できます．それを求めてみます．

基本となる方程式は次式です．

$$\mathrm{rot}\vec{H} = \vec{j} = \sigma\vec{E}, \quad \mathrm{rot}\vec{E} = -\frac{\partial \vec{B}}{\partial t}$$

これらの式より電界の満たすべき方程式は

$$\nabla^2 \vec{E} = \mu\sigma \frac{\partial \vec{E}}{\partial t} \tag{7.1}$$

となります．この式は指数関数的に減衰する電界を表し，$\phi$方向成分$E_\phi$を考えますと，その解は次のように表せます．

$$E_\phi = E_0 \exp\left(\frac{z}{\delta}\right) \exp\left[j\left(\omega t + \frac{z}{\delta}\right)\right] \tag{7.2}$$

ここで $\delta = \sqrt{\dfrac{2}{\omega\sigma\mu}}$ は表皮厚を表します．一方，磁束密度はマクスウェルの方程式から次式で表されることがわかります．

$$B_r = (1-j)\frac{E_0}{\delta\omega} \exp\left(\frac{z}{\delta}\right) \exp\left[j\left(\omega t + \frac{z}{\delta}\right)\right] = B_0 \exp\left(\frac{z}{\delta}\right) \exp\left[j\left(\omega t + \frac{z}{\delta}\right)\right] \tag{7.3}$$

式(7.2)，(7.3)より電界$E_0$と磁界$B_0$には位相差があり，その値は$\dfrac{\pi}{4}$であることがわかります．

### (2) アンテナのインピーダンス

アンテナとプラズマ間のギャップを無視した場合について考えます．その場合，式(7.2)，(7.3)で$z=0$としたときの値がアンテナ上での$\phi$方向電界，$r$方向磁界の値となります．

従って，アンテナに印加される電圧，流れる電流は次式で近似できるとします．

$$V_a = 2\pi \bar{r} N_a E_\phi = 2\pi \bar{r} N_a E_0 \exp(j\omega t)$$
$$I_a = \frac{R_m B_r}{\mu N_a} = \frac{R_m B_0 \exp(j\omega t)}{\mu N_a} = I_0 \exp(j\omega t) \tag{7.4}$$

ここで，$\bar{r}$ はアンテナコイルの平均半径，$N_a$ はコイルの巻き数，$R_m$ はアンテナコイルの最大半径です．$E_0$ と $B_0$ の比は

$$\frac{E_0}{B_0} = \frac{\delta\omega}{1-j} = \left(\frac{1+j}{2}\right)\delta\omega$$

です．従って，アンテナのインピーダンス $Z_a$ は次式で表されます．

$$Z_a = \frac{V_a}{I_a} = \frac{\pi}{2}\mu\delta\omega N_a^{\,2}(1+j)$$

ここで，$R_a = \frac{\pi}{2}\mu\delta\omega N_a^{\,2}$，$L_a = \frac{\pi}{2}\mu\delta N_a^{\,2}$ とするとアンテナのインピーダンスは

$$Z_a = R_a + j\omega L_a$$

となります．

### (3) プラズマによる吸収パワー

式（7.4）より，アンテナ直近の磁束密度の r 方向成分は

$$B_r = \frac{\mu I_0 N_a}{R_m}\exp(j\omega t)$$

となりますので，式（7.3）に $z=0$ を代入したときとの比較より

$$B_0 = \frac{\mu I_0 N_a}{R_m} = (1-j)\frac{E_0}{\delta\omega}$$

となることがわかります．従って，プラズマ中の電界の $\phi$ 成分は

$$E_\phi = \frac{\mu\delta\omega I_0 N_a}{(1-j)R_m}\exp\left(\frac{z}{\delta}\right)\exp\left[j\left(\omega t + \frac{z}{\delta}\right)\right]$$

となります．

この式は $E_0 = \frac{\mu\delta\omega I_0 N_a}{2R_m}\exp\left(\frac{z}{\delta}\right)$ とすると

7・2　アンテナが容器正面に存在する誘導結合形プラズマ源

$$E_\phi = E_0 \left\{ \left[\cos\left(\omega t + \frac{z}{\delta}\right) - \sin\left(\omega t + \frac{z}{\delta}\right)\right] + j\left[\cos\left(\omega t + \frac{z}{\delta}\right) + \sin\left(\omega t + \frac{z}{\delta}\right)\right] \right\}$$

と表されます.
時間的に平均化された単位体積当たりの吸収パワー $\overline{P}$ は次式で表されます.

$$\overline{P} = \frac{1}{2}\mathrm{Re}(\sigma E_\phi E_\phi^*) = \sigma E_0^2 = \frac{\sigma(\mu\delta\omega I_0 N_a)^2}{4R_m^2}\exp\left(\frac{2z}{\delta}\right)$$

単位面積当たりの吸収パワーはこの値を $z$ に関して積分した値となり，また全吸収パワー $P_{tot}$ はさらに積分値に面積 $\pi R_m^2$ を掛けた値となります.

$$P_{tot} = \pi R_m^2 \int_{-\infty}^0 \overline{P}dz = \sigma(\mu\omega I_0 N_a)^2 \pi \left(\frac{\delta}{2}\right)^3$$

ここで表皮厚は $\delta = \sqrt{\dfrac{2}{\omega\sigma\mu}}$ ですので，全吸収パワーは次式で表されます.

$$P_{tot} = \frac{\pi(I_0 N_a)^2}{2\sqrt{2}}\sqrt{\frac{\mu\omega}{\sigma}} \tag{7.5}$$

容器寸法，ガス圧，吸収パワーがわかると前章で述べた方法を用いて電子温度，密度等が推定できます．以下の例題でその推定の仕方を示します．

**例題 7.1** アンテナトップ形 ICP における電子温度，密度，アンテナの等価抵抗，および等価インダクタンスを推定しなさい．
ただし，ICP 装置パラメータ等を以下の値とします．
装置例　装置半径　$R=0.1$ 〔m〕，　　　装置高さ　$L=0.2$ 〔m〕
　　　　コイル最外郭半径 $R_m = 0.09$ 〔m〕，　巻数　$N_a=3$
　　　　周波数 $f=13.56$ 〔MHz〕（$\omega =8.5\times 10^7$ 〔rad/s〕）
　　　　コイル電流　$I_0=10$ 〔A〕
　　　　シース端密度と平均密度の比　0.2，$\varepsilon_T=77$ 〔eV〕（$\varepsilon_i \sim 14$ 〔eV〕），
　　　　ボーム速度　$u_B=2.5\times 10^3$ 〔m/s〕（Ar の原子量 40, $m_p=1.67\times 10^{-27}$ 〔kg〕）

実効的衝突周波数　$\nu_{eff} = 2.5 \times 10^7$ 〔$s^{-1}$〕

ガス種　アルゴン，ガス圧　5〔mtorr〕(中性ガス密度　$n_g = 1.7 \times 10^{20}$ 〔$m^{-3}$〕)

**解　答**

以下の手順に従って推定します．

(a) $d_{eff}$ を求め，$n_g d_{eff}$ の値より電子温度を推定する

$$d_{eff} = \frac{1}{2}\frac{RL}{h(R+L)} = 0.167 \text{ なので } n_g d_{eff} = 2.8 \times 10^{19}$$

第6章の図6.3より電子温度は約2.6〔eV〕と推定できます．

(b) 電子密度を仮定する

$n_e \approx 1.5 \times 10^{17}$ 〔$m^{-3}$〕と仮定します．

(c) $\sigma_{eff}$ を計算する

$$\sigma_{eff} = \frac{e^2 n_e}{m_e \nu_{eff}} = 34.2$$

(d) 表皮厚 $\delta$ を計算する

$$\delta = \sqrt{\frac{2}{\omega \sigma \mu}} = 0.0234$$

(e) アンテナの等価抵抗 $R_a$，等価インダクタンス $L_a$ を計算する

$$R_a = \frac{\pi}{2}\mu \delta \omega N_a^2 = 35 \text{ 〔}\Omega\text{〕}$$

$$L_a = \frac{\pi}{2}\mu \delta N_a^2 = 0.42 \text{ 〔}\mu H\text{〕}$$

(f) 吸収パワーを計算する

$$P_{tot} = \frac{\pi (I_0 N_a)^2}{2\sqrt{2}}\sqrt{\frac{\mu \omega}{\sigma}} = 1.77 \times 10^3$$

(g) 実効表面積 $A_{eff}$ を計算する

$$A_{eff} = 2\pi R(R+L)h = 0.377 \ =0.377$$

(h) 密度を推定する

$$\varepsilon_T = 77$$
$$u_B = 2.5 \times 10^3$$

$$n_e = \frac{P_{tot}}{u_B A_{eff} \varepsilon_T} = 1.5 \times 10^{17} \ [\mathrm{m}^{-3}]$$

今回は手順 (b) で仮定した電子密度と手順 (h) で推定した電子密度が一致したので計算はこれで終了です．もし，密度が仮定した値と合わなかった場合は，別の値を仮定して手順 (b) から再計算をします．

推定結果　　電子温度　2.6〔eV〕，密度　$1.5 \times 10^{17}$〔m$^{-3}$〕，
　　　　　　アンテナの等価抵抗，等価インダクタンス　35〔Ω〕，0.42〔H〕

側面コイル形の ICP については参考文献 (7.1) を参照してください．

## 練習問題

問 7.1 式 (7.2) で示した解が式 (7.1) を満足することを示しなさい.

問 7.2 式 (7.3) を導きなさい.

# 第8章　電磁波を用いた高密度プラズマ源

　前章で紹介した誘導結合形プラズマ源などと同様の理由で，この章で紹介する電磁波を用いたプラズマ源（共鳴吸収を利用したマイクロ波プラズマ源，電子サイクロトロン共鳴（ECR）プラズマ源およびヘリコン波を用いたプラズマ源）も高密度プラズマ源となります．特に，これらのプラズマ源ではマイクロ波が電子プラズマ波を共鳴的に励起したり，電子サイクロトロン運動を共鳴的に駆動したりするため，電磁波からプラズマへのエネルギー輸送が高効率で生じます．この章では，電磁波を用いた高密度プラズマの発生・維持だけでなく，マグネトロンなどのマイクロ波発生源とプラズマを結合するマイクロ波回路についても述べます．この章を学ぶことにより電磁波とプラズマの相互作用の概略を理解し，電磁波を用いた高密度プラズマ源の概念を理解できるようになります．

## 8.1　TM波用共振器付マイクロ波プラズマ源と表面波プラズマ源

### （1）共鳴吸収

　両プラズマ源とも高密度プラズマを維持するためには，マイクロ波の電界の方向がプラズマ密度の勾配の方向と平行であること，および密度の値がカットオフ密度以上であることが必要です[8.1]．その理由について図8.1を用いて説明します．
　通常の電磁波は横波ですので進行方向には電界成分を持ちません．しかし，導波管内を伝搬するTM波は進行方向の電界成分を持ちます．TM波が上図の空隙と誘電体でできている導波管内を伝搬して，誘電体と高密度プラズマとの境界面で反射するとします．このとき，もしプラズマ密度がカットオフ密度以上なら，プラズマ内にはエバネッセント波として電磁波がしみ込みます．このエバネッセント波の電界の内，進行方向の電界成分はプラズマ密度勾配と平行となります．この電界がカットオフ密度近辺に達すると電子のみを移動させますので，密度に勾配がありますと電子とイオンの間で荷電分離が生じます（図8.2）．この荷電分

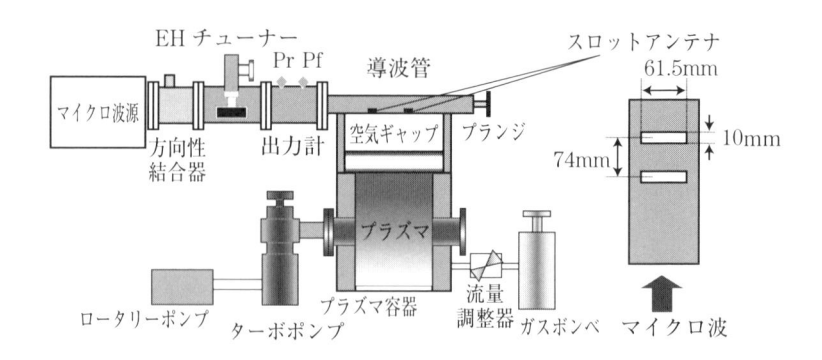

図8.1　TM波用共振器付マイクロ波プラズマ源の例

離で生じた電界の振動数は電子プラズマ波の振動数とほぼ同じですので共鳴的に電子プラズマ波が励起され，電磁波から電子プラズマ波へのエネルギー輸送が高効率でおきます．この現象を共鳴吸収と呼んでいます．

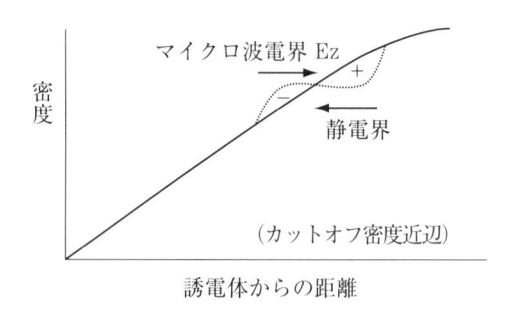

図8.2　マイクロ波電界による電子プラズマ波の励起

図8.3に第15章で紹介する超粒子シミュレーションにより求めたプラズマによるマイクロ波エネルギーの吸収分布の図を示します．カットオフ密度近辺で大きなエネルギー吸収が生じていることがわかります．

8.1　TM波用共振器付マイクロ波プラズマ源と表面波プラズマ源

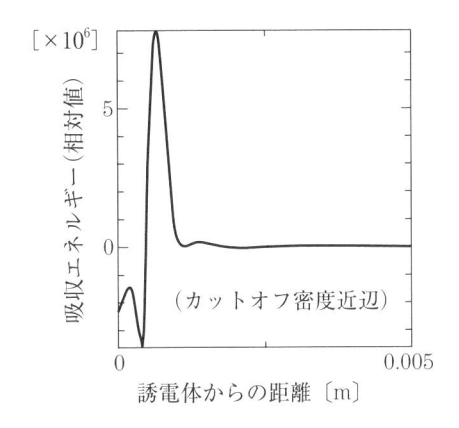

図8.3　共鳴吸収におけるエネルギー吸収分布

## (2)　TM波用共振器付マイクロ波プラズマ源と表面波プラズマ源

　これらのプラズマ源では壁とプラズマ本体（シース領域）との間の電位差は小さく，イオンが壁へ流失するときのエネルギー損失もさほど大きくはありません．また，マイクロ波エネルギーからプラズマへのエネルギー輸送（プラズマによるエネルギー吸収）は共鳴的に行われるため高効率です．これらの理由からこれらのプラズマ源もまた高密度プラズマ源となります．

　図8.1で空隙と誘電体からなる共振器部分がTM波用の共振器だとすると，その中の電界分布は図8.4のようになります．図8.4はFDTD（Finite-Differential Time-Domain）法[8.2]を用いて適切な空隙長時の空隙と誘電体からなる共振器内の電磁界成分を計算した結果です．ここで，z方向は空隙からプラズマの方向となっています．図8.4からわかりますように，電界のz成分がプラズマ表面でほぼ最大と成っていることがわかります．プラズマ密度は誘電体表面でゼロですので，密度勾配はz方向となります．すなわち，TM波用共振器を用いて，図8.4のような電界分布を形成できれば，マイクロ波電界の一部の向きがプラズマ密度の勾配の方向と平行となり，かつ最大となります．そのため，上述した共鳴吸収が効率よく起き高密度プラズマが維持できると考えられています．

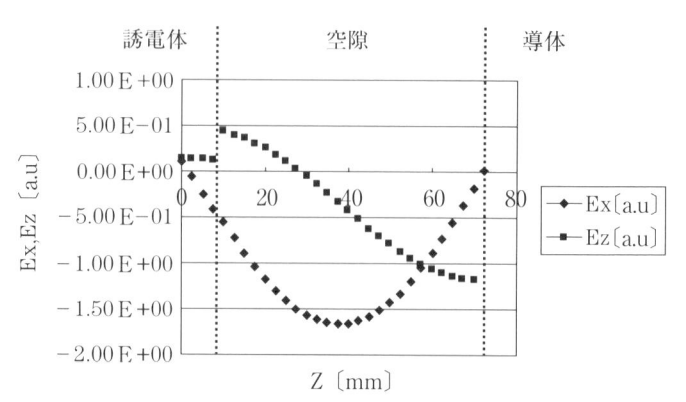

図 8.4 TM 波用共振器内の電界成分（Ez，Ex）の分布
（数値シミュレーション）[8.3]

また，誘電体とプラズマの境界面に表面波を励起することによっても高密度プラズマを維持することができます[8.4]．この場合，重要なのは同様な電界成分を持った表面波を励起することです．TM 波用共振器付の装置はこうした表面波を励起できますので，表面波プラズマ源としても有用だと考えられます．実際，TM 波用共振器付マイクロ波プラズマ源で表面波プラズマが生成・維持されています[8.5]．次に TM 波用共振器付マイクロ波プラズマ源で用いられているマイクロ波回路について，図 8.1 を基に説明します．

### (3) マイクロ波回路

図 8.1 ではマグネトロンなどのマイクロ波発生装置で発生したマイクロ波がアイソレータを通過し，EH チューナに入ります．アイソレータはプラズマなどから反射してきたマイクロ波がマイクロ波発生装置に戻ってきてそれを破壊するのを防ぐ装置で，一方向にのみマイクロ波を通過させます．EH チューナはマイクロ波発生装置とその先の部分との整合をとる装置で，この反射波が最小になるように調整します．EH チューナの次の装置は通過するマイクロ波と反射波のパワーを計測する装置です．マイクロ波はパワーを計測する装置を通過後，スロットアンテナ付の導波管に入ります．このスロットアンテナから放射されたマイクロ波は空洞と誘電体から成る共振器に入ります．共振器に放射されるマイクロ波パ

ワーを最大にするために，プランジが導波管の端に取り付けられています．放射パワーが最大になったかどうかは，先ほどの反射パワーが最小になったかどうかで判断します．TM波用の共振器が形成されるためには，プラズマ密度が十分高く共振器の底面用導体として利用可能であることの他，共振器長が適切な長さであることが必要です．

図8.4のようにTM波用共振器が構成されるためには空隙長 $L_{air}$ は

$$L_{air} = \frac{\lambda_{cav}}{2} - d\left(\frac{\sqrt{\varepsilon_r}}{2} - 1\right)$$

の値に設定する必要があります[(8.3)]．ここで，$\lambda_{cav}$ は導波管内のマイクロ波の波長，$d$ は誘電体の厚さ，$\varepsilon_r$ は誘電体の比誘電率を表します．

## 8.2　電子サイクロトロン共鳴（ECR）プラズマ源 [(8.7)]

右回り円偏波のマイクロ波を磁力線に沿って伝搬させると電子のサイクロトロン周波数と電磁波の周波数が一致する所で，電磁波が電子を常に加速することになり，共鳴的に電磁波のエネルギーが吸収されます（図8.5）．左回り円偏波では電子の加速と減速が繰り返され平均では加速されません．

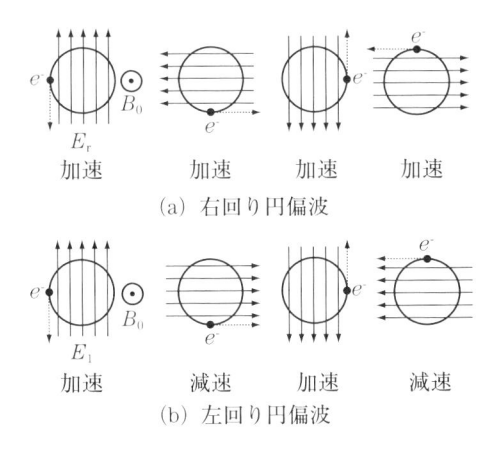

図8.5　円偏波により電子が加速，減速される様子

このエネルギー吸収効率は高く，また，壁とプラズマ本体との電位差は小さいため高密度プラズマが生成・維持されます．共鳴領域の磁界の強さは，マイクロ波の周波数が 2.45 [GHz] の場合，875 [G] です．

ECR プラズマ源の概念図を図 8.6 に示します．また，マイクロ波回路の構成例を図 8.7 に示します．

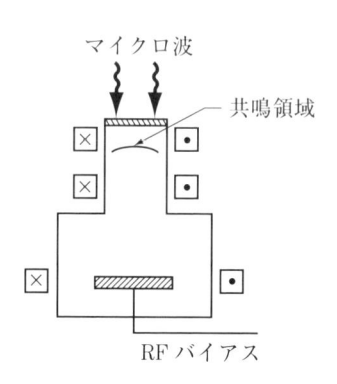

図 8.6 ECR プラズマ源の概念図

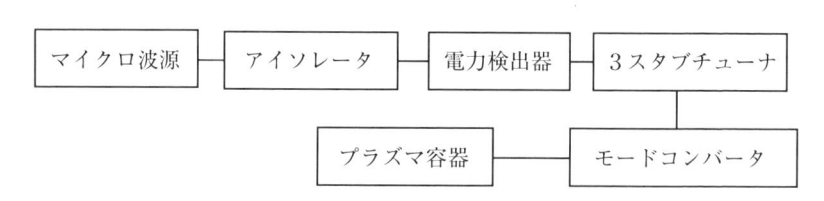

図 8.7 ECR 用マイクロ波回路構成例

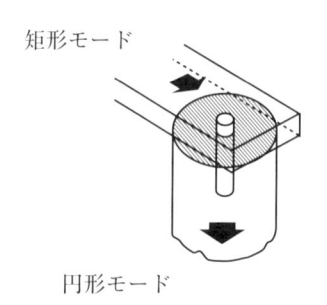

図 8.8 ECR 用マイクロ波回路で使用されるモードコンバータの例

図 8.7 の例では，整合回路として 3 スタブチューナを用いています．図 8.1 では EH チューナを整合回路として用いていますが，EH チューナを用いることも可能です．図 8.1 のマイクロ波回路との大きな違いは，右回り円偏波を作るためのモードコンバータがマイクロ波回路に組み込まれていることです．モードコンバータの一例を図 8.8 に示します．この場合は，矩形 $TE_{10}$ モードから円形 $TM_{01}$ モードに変換されます．

## 8.3　ヘリコン波を用いた高密度プラズマ源

ヘリコン波は右回り円偏波のうち，その角周波数 $\omega$ が

$$\omega_{LH}(=\sqrt{\omega_{ci}\omega_{ce}}) \ll \omega \ll \omega_{ce}$$
$$\omega_{pe}^2 \gg \omega\omega_{ce}$$

を満たし，ホイスラーモード[8.6] で伝搬する電磁波の一種です．ここで，$\omega_{ci}$，$\omega_{ce}$，$\omega_{pe}$ はそれぞれイオンサイクロトロン（角）周波数，電子サイクロトロン（角）周波数，および電子プラズマ（角）周波数です．この波の励起用として各種アンテナが提案されています．図 8.9 は $m=1$ モードのヘリコン波を励起するためのアンテナおよび磁界発生用コイルの配置図です．

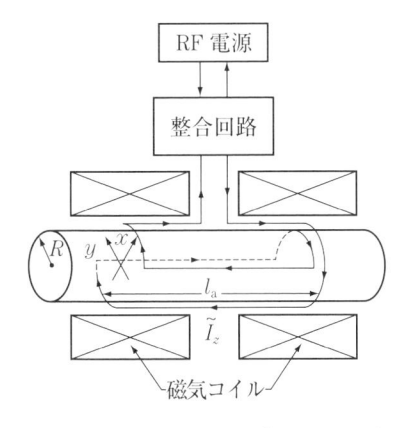

図 8.9　ヘリコン波プラズマ源の概念図[8.7]

電源の周波数としては 1 〜 50〔MHz〕，磁界の強さとしては 20 〜 200〔G〕が典型的な値として用いられます．電源の出力は 500 〜 5000〔W〕程度で，プラズマの密度としては $10^{11}$ 〜 $10^{14}$〔cm$^{-3}$〕の高密度プラズマが得られています．

## 練習問題

**問 8.1** 共鳴吸収について簡単に説明しなさい.

**問 8.2** 電子サイクロトロンプラズマ源において左回り円偏波では電子を加速できない理由について簡単に説明しなさい.

# 第9章 スパッタリングと直流マグネトロン放電

前の2章では高周波またはマイクロ波電源を用いたプラズマ発生・維持装置について述べましたが，この章では直流電源を用いたマグネトロン放電について紹介します．このプラズマ源は金属または合金の薄膜を作成するのによく使われます．また，電源を高周波電源に変更すれば絶縁体の薄膜作成にも用いることができます．この章を学ぶことにより，スパッタリングによる薄膜形成装置の概要を理解することができます．

## 9.1 スパッタリング (9.1)

数十〔eV〕のエネルギーを持つアルゴン・イオンをアルミニウム・ターゲットに衝突させると，アルミニウム原子がターゲットの表面から飛び出してくることがあります．このアルミニウム原子を基板上に堆積させることによりアルミニウムの薄膜を基板上に形成することができます．このように希望の物質の薄膜をスパッタリングにより作成することができます．スパッタ率 $\gamma_s$ はターゲット物質の表面束縛エネルギー $\varepsilon_t$，入射イオンとターゲット原子の質量を各々 $M_i$, $M_t$ とすると概略以下の比例関係が成立します．

$$\gamma_s \propto \frac{1}{\varepsilon_t} \frac{M_i}{M_i + M_t}$$

通常，用いられるアルゴン・イオンのエネルギーは 500〜1000〔eV〕程度です．

## 9.2 直流グロー放電によるスパッタリング

数百〔eV〕のエネルギーを持つイオンを直流放電により作成することが可能です．図9.1に数百〔V〕の直流電圧を印加した場合の直流グロー放電の様子と内部の電位分布，電界分布の様子を示します．第2章では陰極近傍の詳細な様子

は示さず,まとめて境界領域(シース)としましたが,実は図 9.1 のような微細な構造を持つ場合があります.

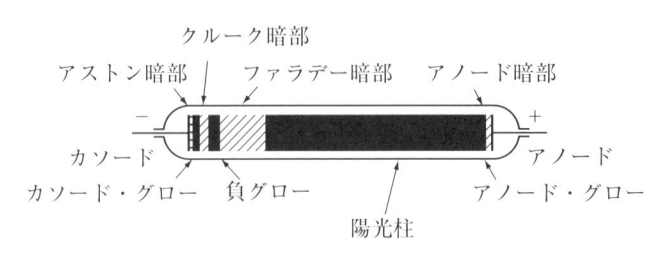

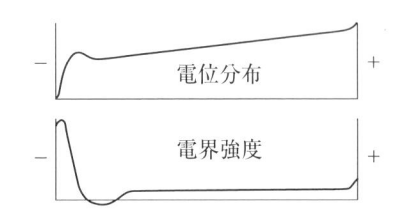

**図 9.1** DC グロー放電の定性的特性 [9.1]

ここで注目して欲しいのは印加した電圧のほとんどが陰極近傍にかかっていることです.このため,負グローから陰極に向かうイオンは,加えられた電圧にほぼ相当するエネルギーを得て陰極に衝突します.そこで,陰極を作成したい薄膜と同一の物質からなる金属で作成しておけば,その物質がスッパタされ,陽極に置かれた基板上に堆積されます.実際の直流グロー放電を用いたスパッタ装置では,陰極と陽極間の長さは 5〔cm〕程度と短くなっています.直流グロー放電では電極間隔を短くしていくと陽光柱の長さが短くなり,さらに短くすると陽光柱の無い放電となります.従って,直流グロー放電を用いたスパッタ装置は陽光柱の無い放電状態となっています.その概略図を図 9.2 に示します.

イオンが境界領域(暗部)の電界により加速され陰極(ターゲット)に衝突し,ターゲット物質(上記の例ではアルミニウム)と 2 次電子を放出させます.この放出されたアルミニウムが基板上に堆積され薄膜を形成します.

成膜速度は,いかに多数の高エネルギーのイオンが陰極に衝突するかに依存します.この装置では,通常大きな成膜速度を得るため高いイオン電流密度を必要

## 9.3 平板形直流マグネトロン放電スパッタ装置

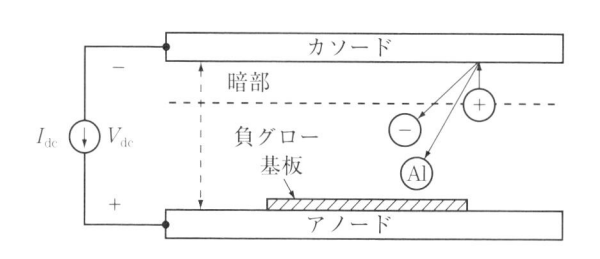

**図 9.2 直流グロー放電スパッタ装置**

とします．そのため，放電は異常グロー放電領域で運転し，放電電圧は約 2-5〔kV〕の高電圧となっています．使用できるガス圧は約 4〔Pa〕近辺の圧力のみです．これは，放電維持のためには高いガス圧が望ましいのですが，ガス圧が高いとスパッタされて飛び出してきた原子が衝突により散乱され基板以外に堆積したり，堆積膜の基板への付着力が低下したりするからです．そのため，約 4〔Pa〕近辺のガス圧力でしか運転ができません．それを，解決したのが次に紹介する平板形直流マグネトロン放電スパッタ装置です．

## 9.3 平板形直流マグネトロン放電スパッタ装置

図 9.3 に平板形直流マグネトロン放電スパッタ装置の一例を示します．ターゲットを兼ねた陰極（カソード）の後ろに永久磁石が設置された構造となっています．また，アノード電極の上には薄膜を堆積させる基板が置かれています．

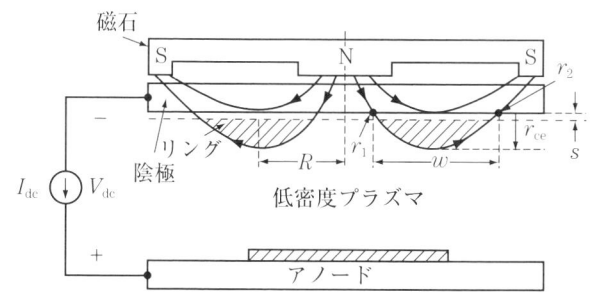

**図 9.3 平板形直流マグネトロン放電スパッタ装置**[9.1]

永久磁石から発生した磁力線が図に示すようにD字状の高エネルギー電子の閉じ込め領域（図の斜線の領域）を形成します。この図は断面を表していますので、磁力線による電子の閉じ込め領域は断面がD字のリング形状になっています。

直流マグネトロン放電では1.3〔Pa〕以下の低気圧でも$10^{11} \sim 10^{12}$〔$cm^{-3}$〕の高密度プラズマを得ることができます。理由は、パワーバランスの考え方からいうとカソードから飛び出した2次電子、および2次電子が電離により生成した電子あるいはその電子が生成した電子が、リング状の閉じ込め領域に十分な時間閉じこもり、かつ境界領域でエネルギーを吸収する（加速される）ため、プラズマの吸収パワーが上昇するからです。後に検証するように境界領域の電界で加速された高エネルギーイオンは回転半径がこの閉じ込め領域の幅より十分に長いため、この磁力線に閉じ込められることはなくターゲットに衝突しスパッタを行います。

高エネルギー電子がこのリング状領域に閉じ込められるのは、磁力線方向は境界領域（シース）の電界によりリング中央部の方へ押し戻されるからですが、磁気ミラー効果[9.2]（練習問題9.3）も閉じ込めに関与しています。磁力線に垂直方向はローレンツ力により閉じ込められます。閉じ込めリング内の電子は$E \times B$ドリフト[9.2]（荷電粒子が速度$\vec{V}_d = \dfrac{\vec{E} \times \vec{B}}{B^2}$で運動する、練習問題9.4）により円周方向に動きます。

典型的な平板形直流マグネトロン放電スパッタ装置、および運転パラメータは

　　磁束密度の大きさ：$B \approx 200$〔G〕、

　　ガス種、ガス圧：アルゴン、$0.27 \sim 0.67$〔Pa〕、

　　平均イオン電流密度：$\bar{J}_i \approx 20$〔$mA/cm^2$〕、

　　印加直流電圧：$V_{dc} \approx 800$〔V〕、

　　デポジション・レート：200〔nm/min〕

です。リング状スパッタ装置の場合、堆積膜厚の均一性からみたアスペクト比〔（電極間隔$L$）／（リング半径$R$）〕の最適値はおおよそ$\dfrac{L}{R} \approx \dfrac{4}{3}$と言われています[9.1]。放電制御パラメータは電流値$I_{dc}$、ガス圧$p$、磁束密度$B$、およびリングの半径$R$です。

**例題 9.1** 平板形直流マグネトロン放電スパッタ装置において，磁束密度 $B=200$〔G〕，$R=5$〔cm〕，$I_{dc}=5$〔A〕，電子温度 $T_e=3$〔eV〕，ガス種はアルゴン，ターゲットはアルミニウムとした場合の印加電圧 $V_{dc}$，シースで加速された高エネルギー電子，イオンの回転半径（ラーマ半径）$r_{ce}$, $r_{ci}$，リング幅 $w$，平均のイオン電流密度 $\bar{J}_i$，シース幅 $s$，プラズマ密度 $n_i$，スパッタ・レート $R_{sput}$，デポジッションレート $R_{dep}$ を推定しなさい．

**解 答**

(1) 印加電圧

印加電圧のほとんどは陰極（カソード）シースにかかりますので，その電圧で加速されるアルゴンイオンのエネルギーは数百 eV から 1〔keV〕程度となります．このエネルギー領域におけるアルゴン・イオンのアルミニウム・ターゲットにたいする2次電子放出係数は $\gamma_{se} \approx 0.1$ 程度です．この2次電子の内，一部はリング内に捕捉されません．Thornton と Penfold[9.1] による研究結果に従って，ここでは捕捉されるのは約半分とします．すなわち，実効的2次電子放出係数（リングに捕捉され放電維持に寄与する2次電子の放出係数）は

$$\gamma_{eff} = \frac{1}{2} \gamma_{se}$$

とします．2次電子は印加電圧相当のエネルギーをシースでもらい，そのエネルギーを電子・イオン対の生成（電離）エネルギーおよびこの電子・イオン対がプラズマ外へ流失するまでに失うエネルギーの補充にのみ使用するものとします．この場合1個の高エネルギー電子が生成できる電子・イオン対の数 $N$ は

$$N = \frac{V_{dc}}{\varepsilon_c}$$

となります．ここで，$\varepsilon_c$ は前に述べた電子・イオン対の生成（電離）のエネルギーおよびこの電子・イオン対がプラズマ外へ流失するまでに失うエネルギーの和です．

定常状態では，イオン粒子の生成と流失がバランスしますので

$$\gamma_{eff} N = 1$$

が成り立ちます．

これらの式から放電の維持に必要な印加電圧 $V_{dc}$ が求まります.

$$V_{dc} \approx \frac{2\varepsilon_c}{\gamma_{se}}$$

ここで，$\varepsilon_c$=30〔eV〕，$\gamma_{se}$=0.1 とすると，$V_{dc} \approx 600$〔V〕となります．

(2) シースで加速された高エネルギー電子，イオンの回転半径（ラーマ半径）

シースで 600〔eV〕のエネルギーを得た電子とイオンのラーマ半径を求めてみます．電子のラーマ半径は

$$r_{ce} = \frac{v_e}{\omega_{ce}} = \frac{1}{B_0}\left(\frac{2m_e V_{dc}}{e}\right)^{\frac{1}{2}}$$

と表せます．ここで，$v_e = \sqrt{\frac{2eV_{dc}}{m_e}}$，$B_0$=200〔G〕，$V_{dc}$=600〔V〕とすると，$r_{ce} \approx 0.5$〔cm〕となります．一方，アルゴン・イオンのラーマ半径は

$$r_{ci} = \frac{1}{B_0}\left(\frac{2m_i V_{dc}}{e}\right) \approx 1.3m$$

となり，アルゴン・イオンはリング状の領域に閉じ込められないことがわかります．

(3) リング幅

次に，リング状閉じ込め領域の幅 $w$ について，図9.4を参考にして評価します．

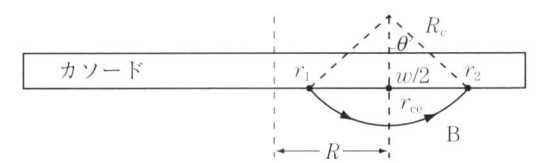

**図9.4** リング幅の計算のための概略図[(9.1)]

リングの平均の高さはほぼ電子のラーマ半径 $r_{ce}$ に等しいと仮定します．また，シース幅 $s$ は電子のラーマ半径 $r_{ce}$ より十分に小さいと仮定します．磁力線の曲率半径を $R_c$，カソードからの高さを $r_{ce}$ とし，カソード中心からカソード上の磁力線両端までの距離を $r_1$，$r_2$ とします．この場合，$w \approx r_2 - r_1$ となります．

図 9.4 より，

$$\frac{w}{2R_c} = \sin\theta$$
$$r_{cc} + R_c\cos\theta = R_c$$

が成り立ちます．$\frac{w}{2} \ll R_c$，すなわち $\theta$ が十分小さいと仮定すればこれらの式は次のように近似できます．

$$\frac{w}{2R_c} \approx \theta \quad \left(\because \sin\theta \approx \theta\right)$$
$$\frac{2r_{cc}}{R_c} \approx \theta^2 \quad \left(\because \cos\theta \approx 1 - \frac{\theta^2}{2}\right)$$

この両式から $\theta$ を消去して $w$ について解くと

$$w \approx 2\sqrt{2r_{cc}R_c}$$

となります．$r_{cc} \approx 0.5$〔cm〕，$R_c \approx 4$〔cm〕とすると，リングの幅は $w \approx 4$〔cm〕となります（この値は仮定した $\frac{w}{2} \ll R_c$ を完全には満足していませんが，これは近似計算ですのでよいとします）．

(4) 平均のイオン電流密度

平均のイオン電流密度は

$$\bar{J}_i \approx \frac{I_{dc}}{2\pi Rw}$$

と近似できます．$I_{dc}$=5〔A〕，$R$=5〔cm〕，$w$=4〔cm〕，$V_{dc}$=600〔V〕とすると平均のイオン電流密度は

$$\bar{J}_i \approx 40 \ \text{〔mA/cm}^2\text{〕}$$

となります．

(5) シース幅

イオンは磁界の影響をほとんど受けず，またガス圧は通常低いのでリング表面からカソードへのイオン電流密度は無衝突のチャイルド則を用いて計算でき，次

式で表されます．

$$\bar{J}_i = \frac{4}{9}\varepsilon_0\sqrt{\frac{2e}{M_i}}\frac{V_{dc}^{\frac{3}{2}}}{s^2}$$

この式に，(3) で求めた平均のイオン電流密度の値を代入してシース幅 $s$ を求めると

$$s \approx 0.56 \ [\mathrm{mm}]$$

となり，シース幅が十分に狭いことがわかります．

(6) プラズマ密度

平均のイオン電流密度は，ボーム速度 $u_B$ を用いても表すことができます．無衝突プラズマの場合

$$\bar{J}_i \approx 0.61 e n_i u_B$$

となります．電子温度を 3 [eV] とすると，プラズマ密度（〜イオン密度 $n_i$）は

$$n_i \approx 1.5 \times 10^{12} \ [\mathrm{cm}^{-3}]$$

となります．

(7) スパッタ・レート

カソードに飛来する1個のイオン当たりのスパッタ原子の発生率を $\gamma_{sput}$ とすると，スパッタ・レート $R_{sput}$ は次式で表されます．

$$R_{sput} = \gamma_{sput}\frac{\bar{J}_i}{e n_{\mathrm{target}}} \ [\mathrm{cm/s}]$$

ここで，$n_{target}$ はターゲットの原子密度で，アルミニウムターゲットの原子密度を約 $6 \times 10^{22}$ [cm$^{-3}$]，$\gamma_{sput} \approx 1$，$\bar{J}_i \approx 40$ [mA/cm$^2$] とすると

$$R_{sput} \approx 4 \times 10^{-6} \ [\mathrm{cm/s}]$$

となります．

(8) デポジッションレート

基板の半径を $R_a$ とし，スパッタ原子は全て基板上に堆積すると仮定すると，デポジッションレート $R_{dep}$ は次式で近似できます．

例題

$$R_{dep} \approx \frac{\gamma_{sput} \dfrac{\bar{J}_i}{e} 2\pi R w}{\pi R_a^2 n_{target}} \quad [\text{cm/s}]$$

ここで，$\gamma_{sput} \approx 1$，$\bar{J}_i \approx 40 \, [\text{mA/cm}^2]$，$R \approx 5 \, [\text{cm}]$，$w \approx 4 \, [\text{cm}]$，$R_a \approx 15 \, [\text{cm}]$，$n_{target} \approx 6 \times 10^{22} \, [\text{cm}^{-3}]$ とすると

$$R_{dep} \approx 7 \times 10^{-7} \, [\text{cm/s}]$$

となります．

## 練習問題

**問 9.1** 直流グロー放電によるスパッタ装置では運転できるガス圧の範囲が狭くなりますが，その理由について簡単に説明しなさい．

**問 9.2** 磁界中で回転運動を行っている荷電粒子は電流ループを形成しているとみなせます．その電流ループによる磁気モーメント $\mu_m$ は
$\mu_m = $（旋回のエネルギー）÷（磁束密度の大きさ）
となることを示しなさい．

**問 9.3** 図のように2つの円形コイルを中心軸が一致するように置き，同一方向に電流を流したときにできる磁界分布はミラー磁界となります．このミラー磁界により荷電粒子が閉じ込められることを簡単に説明しなさい．ただし，説明においては荷電粒子の磁気モーメントが時間的に一定[9.2]であることを用いてよいとします．

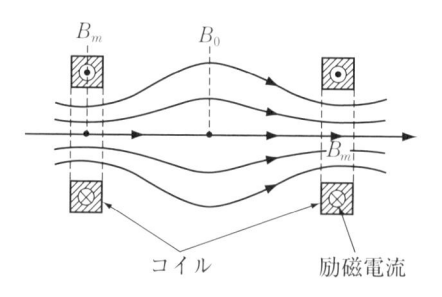

図 9.6 ミラー磁界

**問 9.4** 磁束密度 $\vec{B} = (0, 0, B_z)$ と電界 $\vec{E} = (E_x, 0, 0)$ が存在するとき，荷電粒子（質量 $m$，電荷量 $q$）が，速さ $\dfrac{E_x}{B_z}$ で $-y$ 方向に移動することを示しなさい．
{一般的には $\dfrac{\vec{E} \times \vec{B}}{B^2}$ の速度で移動（ドリフト運動）します}．

# 第 10 章　プラズマ計測

　この章では，生成され維持されたプラズマの温度，密度などの測定方法について述べます．ここで紹介する計測法は，静電プローブ計測，分光計測，干渉計測で，一般的によく用いられている手法です．静電プローブではプラズマ中に金属片を挿入し，その電位を変化させたときに，金属片に流れ込む電流が電子温度・密度，およびプラズマ電位に依存することから静電プローブに印加した電圧と電流値の関係を測定し，それらの値を推定します．分光計測では，プラズマが放射する光が，電子温度などの情報を含んでいることを利用します．また，干渉計測は電磁波のプラズマ内での伝搬速度がプラズマ密度に依存することを利用しています．この章を学ぶことによりプラズマパラメータの測定法の概要を理解することができます．

## 10.1　静電プローブ計測[10.1]

　図 10.1 に示したように直流グロー放電で生成・維持されたプラズマ中に静電プローブを挿入し，プローブに印加する電圧を変化させ，その時の電流値を測定します．このようにして測定した電流―電圧特性は図 10.2 のようになります．なお，この図の場合の基準電極はカソードですが，カソードのない高周波放電プラズマやマイクロ波放電プラズマではプローブの面積より大きな基準電極をプラ

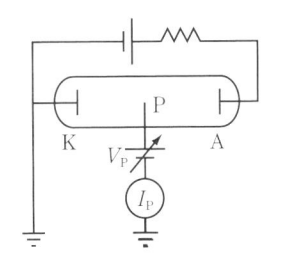

図 10.1　静電プローブを用いた測定回路の概念図

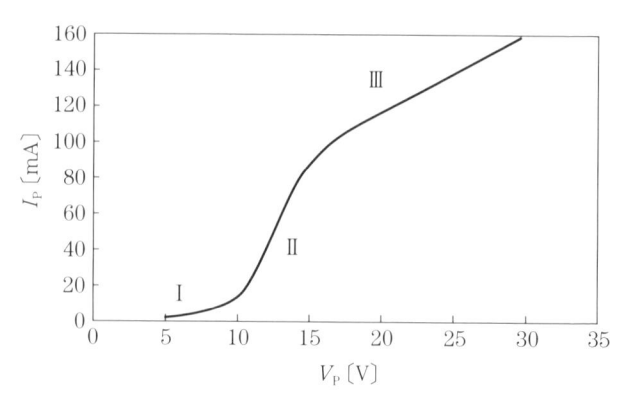

**図 10.2** 静電プローブの電流—電圧特性

ズマに挿入しておく必要があります．

この電流—電圧特性曲線は主に3つの領域からなります．各領域でのプラズマパラメータの測定法について述べます．

### (1) 正イオン飽和領域（図 10.2 で I の領域）

静電プローブには電子による電流とイオンによる電流が流れますが，印加電圧 $V_p$ が負の大きな値の時は，電子は静電プローブに流れ込むことができず，イオン電流のみが流れます．これをイオン飽和電流 $I_{is}$ といい，次式で表されます．

$$I_{is} = en_i S \varepsilon^{-\frac{1}{2}} \sqrt{\frac{\kappa T_e}{M_i}} \tag{10.1}$$

ここで，$e$，$n_i$，$S$，$\varepsilon$，$\kappa$，$T_e$，$M_i$ はそれぞれ素電荷，イオン密度，静電プローブ先端の金属が露出している部分の面積（以下，プローブ表面積と呼ぶ），自然体数の底，ボルツマン定数，電子温度およびイオンの質量を表します．

(a) プラズマ密度

電子温度がわかるとこの式よりプラズマ密度（イオン密度，電子密度とほぼ同じです）が推定できます．

(b) プラズマ密度の空間分布

プロセス用プラズマでは電子温度は空間的にほぼ一定のことが多いので，イオン飽和電流の空間分布をプラズマ密度の相対的な空間分布として代用すること

## (2) 電子反発領域（図10.2でⅡの領域）

静電プローブの電位 $V_p$ がプラズマの電位 $V_s$ より低く，また浮遊電位 $V_f$（電子電流とイオン電流が等しくなり，プローブ電流 $I_p=0$ となるプローブ電位）より高い領域では電子電流とイオン電流の両者がプローブに流れ込みますが，イオン電流の値は電子電流に比べて十分に小さく，プローブ電流は電子電流で近似できます．この領域での電子電流 $I_e$ はプローブに印加した電圧 $V_p$ の関数となり次式で表されます．

$$I_e(V) = \frac{en_eS}{4} \int_{E_c}^{\infty} \left(1 - \frac{E_c}{E}\right)\sqrt{\frac{2E}{m_e}} F(E) dE \tag{10.2}$$

ここで，$V = V_s - V_p$，$F(E)$ は電子のエネルギー分布関数，$E_c$ はプローブに到達できる電子の最小エネルギー，$n_e$ は電子密度，$m_e$ は電子の質量です．
電子のエネルギー分布はマクスウェル分布であると仮定すると式(10.2)は次式となります．

$$I_e(V_p) = en_eS\sqrt{\frac{\kappa T_e}{2\pi m_e}} \exp\left[-\frac{e(V_s - V_p)}{\kappa T_e}\right] \tag{10.3}$$

(a) 電子温度

式(10.3)の縦軸を対数目盛で表示すると，近似的に直線状となる領域が現れます．この直線の傾きから電子温度が推定できます．

$$\frac{d(\log I_e)}{dV_p} = \frac{e}{\kappa T_e} \log(\varepsilon) \tag{10.4}$$

すなわち，片対数プロットでプラズマ電流 $I_p$（または $I_e$）が $\varepsilon$ 倍増加するときの電圧間隔が $\frac{\kappa T_e}{e}$ となり，〔eV〕の単位で表した電子温度となります．

(b) 電子のエネルギー分布関数 F(E) [10.2]

電子電流の式(10.2)を $V_p$ で2回微分すると次式を得ます．

$$\frac{d^2 I_e}{dV_p^2} = \frac{Sn_e e^{\frac{5}{2}}}{2\sqrt{2m_e}} \frac{F(eV)}{\sqrt{V}} = \frac{2\pi Sn_e e^3}{m_e^2} f\left(\sqrt{\frac{2eV}{m_e}}\right) \quad (10.5)$$

ここで,関数 $f$ は電子の速度分布関数です.式 (10.5) を用いて静電プローブの電流—電圧特性曲線から電子のエネルギー分布関数,速度分布関数を推定することができます(ドリベステン法).

### (3) 電子飽和領域(図 10.2 でⅢの領域)

プラズマ電位以上の電圧を静電プローブに印加すると静電プローブには電子飽和電流

$$I_{es} = en_e S \sqrt{\frac{\kappa T_e}{2\pi m_e}} \quad (10.6)$$

が流れます.電子飽和電流は静電プローブに印加した電圧 $V_p$ がプラズマの電位 $V_s$ 以上なら一定の値と考えられますが,通常,シース領域の増大などの影響で $V_p$ の増加に伴って増えます.

(a) プラズマ電位

電子反発領域および電子飽和領域における静電プローブの電流—電圧特性曲線の接線の交点における $V_p$ の値がプラズマの電位 $V_s$ となります.

(b) プラズマ密度

電子温度がわかると,式 (10.6) を用いて,電子飽和電流値よりプラズマ(電子)密度を推定できます.電子飽和電流は,先に述べましたように実際には飽和しませんのでプラズマ密度の推定には,電子反発領域および電子飽和領域における静電プローブの電流—電圧特性曲線の接線の交点における電子飽和電流値を用います.

なお,静電プローブによる密度の測定にはプローブ表面積,測定信号読み取り誤差などの不確定要素が含まれることがありますので,他の方法,例えば干渉法などで補正することがしばしば行われます.

## 10.2 分光計測 (10.3)

## （1）線スペクトル強度比による電子温度の測定

プラズマからの線スペクトル放射による光強度 $I_{ij}$ は

$$I_{ij} = n_i A_{ij} h \nu_{ij}$$

となります。

ここで、$n_i$, $A_{ij}$, $h$, $\nu_{ij}$ は、各々励起され上準位にある原子（またはイオン）の密度、上準位 $i$ から下準位 $j$ への遷移確率、プランク定数および遷移に伴い放出する光子の振動数です。

一般的に電子温度が高くなると、衝突により高いエネルギー準位の密度が増え、そこから放射される光強度が強くなるので、二つの異なる準位からの線スペクトル強度比から電子温度を推定することができます。この方法では、各準位の密度を求めるためのモデルが必要で、高密度プラズマでは局所熱平衡モデル（LTEモデル）、低密度プラズマではコロナモデル（電子による衝突電離と放射再結合、および衝突励起と自然放射による遷移がつり合っているとし、遷移は基底状態と励起状態との間のみを考えるモデル）、中間密度では衝突放射モデル（CR モデル；プラズマ中で起きる様々な課程（衝突励起、衝突電離、放射遷移など）を考え、その単位時間当たりの発生率を求め、各準位における占有密度の時間変化を決めるレート方程式を立て、これを解くことにより各準位の占有密度を求める）が使われます。

例として、LTE モデルが成立する場合について考えます。各準位の密度分布は次式で表されるボルツマン分布となります。

$$\frac{n_i}{n_0} = \frac{g_i}{g_0} \exp\left(-\frac{E_i}{\kappa T_e}\right)$$

ここで、$n_i$, $n_0$, $g_i$, $g_0$, $E_i$ は、各々準位 $I$ と基底状態の密度および統計的重みおよび基底状態から準位 $i$ への励起エネルギーです。

準位 $i$ から $j$ への遷移に伴う放射の光強度 $I_{ij}$ と準位 $k$ から $l$ への遷移に伴う放射の光強度 $I_{kl}$ の比は次式で表されます。

$$\frac{I_{ij}}{I_{kl}} = \frac{A_{ij} g_i \nu_{ij}}{A_{kl} g_k \nu_{kl}} \exp\left(-\frac{E_i - E_j}{\kappa T_e}\right) \tag{10.7}$$

式（10.7）から電子温度 $T_e$ は

$$T_e = -\frac{E_i - E_k}{\kappa \log\left(\dfrac{I_{ij}A_{kl}g_k\nu_{kl}}{I_{kl}A_{ij}g_i\nu_{ij}}\right)} \tag{10.8}$$

となり，推定することができます．

### (2) ドップラー広がりからのイオン（原子）温度の測定

運動しているイオン（原子）から放射される線スペクトルはドップラー・シフトを受けます．そのためイオン（原子）温度 $T_i$ のプラズマからの線スペクトルは幅 $\delta\lambda_i$ の広がりをもちます．ドップラー広がりの半値幅（FWHM）は次式で表されます．

$$\Delta\lambda_{\frac{1}{2}} = 7.16\times 10^{-7}\lambda\sqrt{\frac{T_i}{M_i}} \tag{10.9}$$

ここで，$\lambda$ は中心波長，$M_i$ はイオンの原子量です．

例えば，水素原子からの放射光 $H_\beta$ の半値幅を測定したところ 0.035〔nm〕だったとすると，$\lambda$=486.1〔nm〕，$M_i$=1.01 より水素原子の温度は $10^4$〔k〕であったと推定できます．

この測定には高分解能の分光器が必要です．また，シュタルク広がりや他の効果による線スペクトルの広がりの影響に注意する必要があります．

## 10.3　干渉計測[10.4]

一つの光源から発した電磁波を2つに分け，別々のルートを通した後に重ね合わせると干渉作用が生じます．この一方のルート上にプラズマが存在すると電磁波にとっての実効的な長さが，プラズマの屈折率，従って密度によって変化しプラズマ内を通過した電磁波の位相がずれます．この位相のずれを干渉縞のフリンジ・シフトとして測定し，その結果から電子密度を推定します．図 10.3 にレーザ光を用いた各種干渉計測法の概念図を示します．また，図 10.4 に干渉縞の測定例を示します．

次に，フリンジ・シフト量から屈折率 $N$，屈折率から電子密度を求める方法について述べます．外部磁界が $\vec{0}$ で完全電離プラズマの屈折率 $N$ は

## 10.3 干渉計測

$$N = \sqrt{1 - \frac{\omega_{pe}^2}{\omega^2}}$$

となります.ここで,$\omega$,$\omega_{pe}$ はそれぞれ電磁波の角周波数と電子プラズマ波の角周波数です.また,電子プラズマ波の角周波数は以前説明しましたように

$\omega_{pe} = \sqrt{\dfrac{e^2 n_e}{\varepsilon_0 m_e}}$ です.

干渉図形上のいわゆるフリンジ・シフトは $\Delta s = \dfrac{(N-1)L}{\lambda}$ (L は電磁波が通過したプラズマの長さ)ですので

$$\Delta s = -\frac{e^2 n_e L \lambda}{8\pi^2 c^2 m_e \varepsilon_0} = -4.485 \times 10^{-14} n_e L \lambda \tag{10.10}$$

となります.ただし,電子密度の単位は〔cm$^{-3}$〕,プラズマの長さと波長の単位は〔cm〕としています.この式よりフリンジ・シフト量を測定すれば電子密度が求められます.例えば,波長 10.6〔μm〕の電磁波を用いて,10〔cm〕の長さ

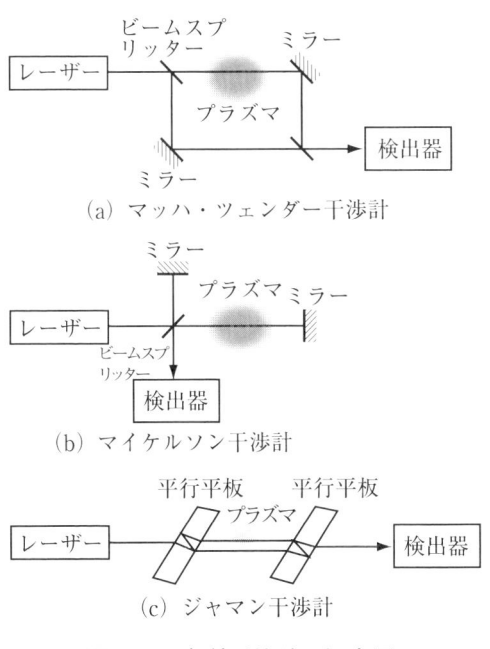

(a) マッハ・ツェンダー干渉計

(b) マイケルソン干渉計

(c) ジャマン干渉計

図 10.3 各種干渉計の概念図

のプラズマに対する干渉計測で，1フリンジのシフトを得られたとすると，その時の平均電子密度は $5.6 \times 10^{12}$ [cm$^{-3}$] と推定されます．

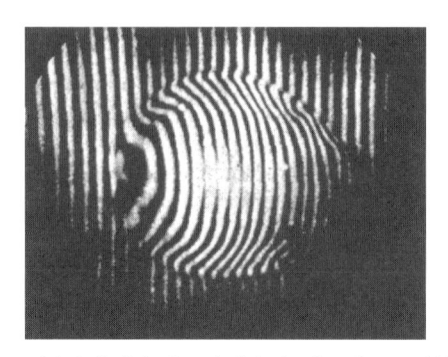

図 10.4 大気中でレーザ光を集光させて生成したプラズマの干渉パターンの例[10.5]
（干渉計測に使用したレーザの波長は $\lambda \approx 347$ [nm]．周辺で反対方向にフリンジがシフトしているのは中性ガスの影響）

## 練習問題

**問 10.1** 下図は静電プローブにおける電流—電圧特性曲線の測定結果です．この例の場合について，電子温度，電子密度，プラズマ電位を推定しなさい．ただし，静電プローブの先端，金属の非被覆部分は円柱状で直径 1.25〔mm〕，長さ 1.5〔mm〕としなさい．

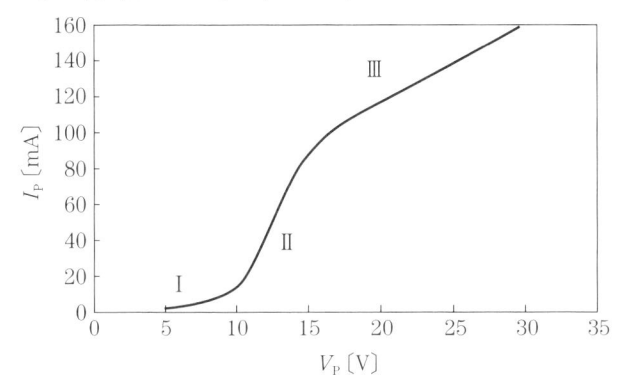

図 10.5　静電プローブの電流—電圧特性曲線

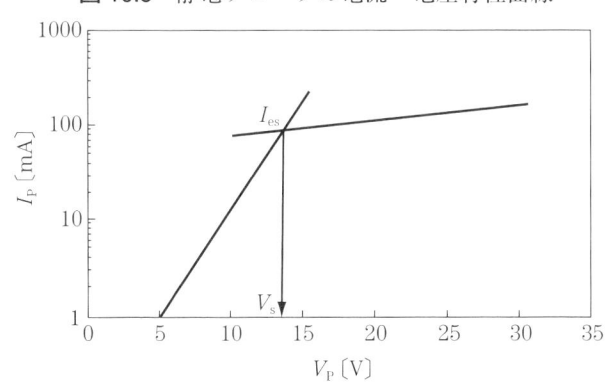

図 10.6　静電プローブの電流—電圧特性曲線の片対数表示

**問 10.2** 図 10.4 において中心部のフリンジシフト $\Delta_s$ が $-2.5$ だったとして平均の電子密度を求めなさい．

# 第11章　半導体プロセスへの応用

　この章では半導体プロセスで用いられるプラズマによるエッチング，デポジッション（薄膜堆積），およびアッシング（灰化）について紹介します．皆さんが使っている携帯電話やパーソナルコンピュータなどでは多数の集積回路（LSI）が用いられています．これらの集積回路では微細化が進み，数十 nm（1〔nm〕=1×$10^{-9}$〔m〕）程度の加工がなされています．こうした超微細加工はプラズマを用いて行う以外に実用的な方法はありません．この章を学ぶことにより，半導体製造過程におけるプラズマプロセスの概要について理解することができます．

## 11.1　集積回路製造における主なプラズマプロセス[11.1]

　図 11.1 に集積回路製造の基本となるフォトリソグラフィの主な行程を示しま

①薄膜形成　　　　　　④現　像

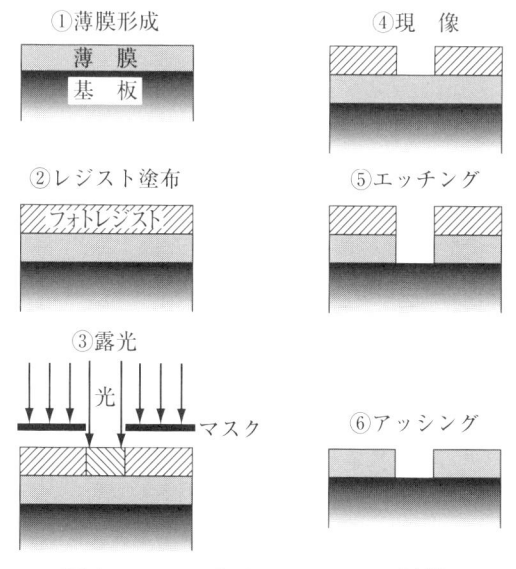

②レジスト塗布　　　　⑤エッチング

③露光　　　　　　　　⑥アッシング

図 11.1　フォトリソグラフィの行程

す．フォトリソグラフィとは，ウエハー（基板）表面に堆積した膜などに写真と同様の原理を用いてパターニングする行程です．

①では，まず，基板の上にプラズマプロセスで薄膜を形成します．

②でフォトレジストを薄膜状に塗布します．フォトレジストは写真のフィルムと同じように光が照射されると感光します．

③は露光の行程です．マスクの上から光を照射し，フォトレジストの一部，光の当たった箇所を感光させます．

④は現像行程です．この例では，感光した箇所が現像液により取り除かれています．逆に，感光しなかった箇所が取り除かれることもあります．

⑤はエッチングで，フォトレジストで保護されていない薄膜部分が除去されます．このエッチングはプラズマを用いて行われます．特に，上図のようにまっすぐにエッチングするには非等方的エッチングが必要で，後に述べる自己バイアスなどを利用します．

⑥は不要となったフォトレジストを，酸素プラズマを用いて酸化し除去するアッシング行程です．

## 11.2 プラズマプロセス

### (1) 薄膜形成（デポジッション）

プラズマデポジッションの特徴としては，

(a) 平衡状態の化学気相成長（CVD）ではできない薄膜が作れる（例えば，ダイヤモンド薄膜），

(b) 低温プロセスである（窒化シリコン：プラズマ CVD（PECVD）は約 300〔℃〕，通常の CVD は約 900〔℃〕），

(c) 低温の PECVD では薄膜がアモルファス化することが多いい

などがあげられます．

図 11.2 はスパッタデポジッションの概念図です．詳細は第9章で述べましたが，この図は直流放電によるタンタルン Ta の薄膜形成の様子を表しています．アルゴンイオン衝撃によりターゲット材料であるタンタルン Ta が物理的にはじき出され，陽極上に置かれたシリコン基板に堆積する様子を表しています．

## 11.2 プラズマプロセス

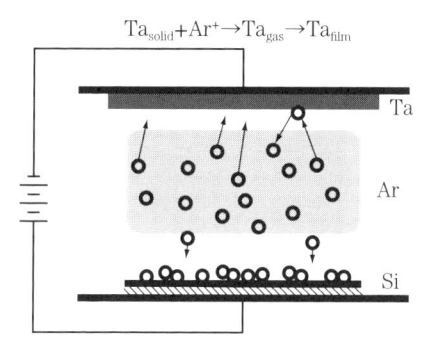

$$Ta_{solid}+Ar^+ \rightarrow Ta_{gas} \rightarrow Ta_{film}$$

**図 11.2** スパッタデポジッションの概念図[(11.2)]

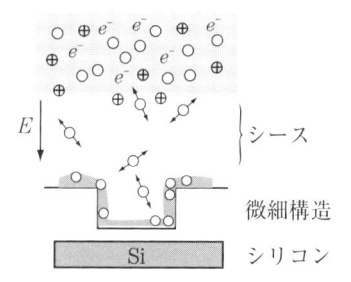

$$Si(OC_2H_5)_4 + e^- \rightarrow Si(OC_2H_5)_3(OH) + C_2H_4 + e^-$$
$$O_2 + e^- \rightarrow 2O + e^-$$
$$O + Si(OC_2H_5)_3(OH) \rightarrow Si(OC_2H_5)_2(OH)_2 + C_2H_4O$$

**図 11.3** プラズマ CVD による成膜の概念図[(11.2)]

図 11.3 はプラズマ化学気相成長（PECVD）による成膜の概念図です．

PECVD（plasma-enhanced chemical vapor deposition）の原理は，原料ガスを導入した容器内でプラズマ（高エネルギー電子）を発生させ，高エネルギー電子により原料ガスを衝突解離し，フリーラジカルを生成します．そして，それらを基板に堆積させて膜を形成するというものです．上図では $Si(OC_2H_5)_4$ と $O_2$（TEOS/$O_2$）プラズマを用いて $SiO_2$ 膜を形成している様子を表しています．この他の主な形成膜と原料ガス，および膜の用途について**表 11.1** にまとめます．

表 11.1　PECVD で形成する膜と原料ガス，用途[11.1]

| 形成する膜 | 原料ガス | 用　途 |
|---|---|---|
| 多結晶シリコン | $SiH_4$ | ゲート電極など |
| タングステン | $WF_6, H_2$ | ゲート電極，配線など |
| 二酸化シリコン | $Si(OC_2H_5)_4$ | 層間絶縁膜など |
| 窒化シリコン | $SiH_2Cl_2, NH_3$ | 耐酸化膜など |

## (2) エッチング

プラズマエッチングはプラズマを用いて表面から物質を除去するプロセスです．

プラズマエッチングで重要なことは，エッチングレート，選択比，非等方性，均一性，プロセスの再現性です．エッチングレートとしては各薄膜を2～3分以内でエッチングすることが必要です．選択比とはある物質はエッチングするが他はしないなど，物質によりエッチングレートが異なる度合いをいいます．非等方性とは，垂直にはエッチングするが水平（側面）にはしないなど方向によりエッチングの早さが異なることをいいます．非等方性エッチングはプラズマプロセスのみ可能です．

図 11.4 は $SiO_2$ 膜がエッチングされる様子を表しています．

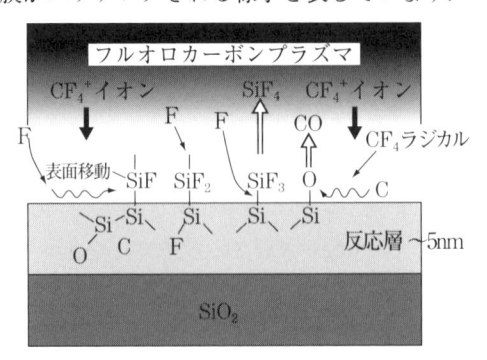

図 11.4　$SiO_2$ 膜が $CF_4$ プラズマによりエッチングされる様子

フルオロカーボン（$CF_4$）プラズマでは炭素とフッ素が基板上の $SiO_2$ と化学反応して，$SiF_4$ および $CO_2$ といった気体となり飛び去りエッチングされます．

(a) エッチングの種類

エッチング法としては以下の方法がありますが，通常，これらを組み合わせてエッチングを行います．

スパッタリング：イオン衝撃による表面からの原子放出を用いる．非選択的であるが，不揮発性生成物質の除去を行うことができる．

純化学的エッチング：放電により，表面原子と反応して揮発性生成物を作る気相エッチャント原子，分子を作り，それが表面をエッチングする．等方的で高い選択性のあるエッチングを行うことができる．

イオン支援形エッチング：放電により，エッチャントとイオンが供給され，それが表面をエッチングする．非等方的で選択性に乏しい．

イオン支援形抑制体利用エッチング：放電により，エッチャントとイオンおよび抑制体の前駆体分子を供給する．抑制体が基板を覆いエッチングを抑制するが，イオン衝撃を受けたところのみ抑制体がなくなりエッチングが進む．

(b) 非等方性エッチングと自己バイアス

図 11.5 は多結晶シリコン（poly-Si）が非等方的にエッチングされる様子を表しています．

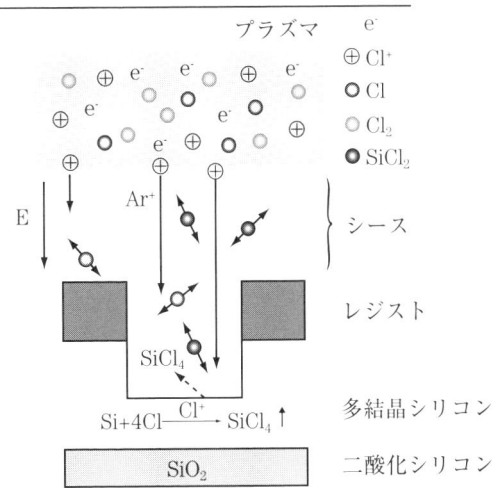

**図 11.5** 多結晶シリコン膜が非等方的にエッチングされる様子[(11.2)]

アルゴンイオンがシースの電界により加速され溝の底に衝突し，そこでの Cl ラジカルによる多結晶シリコン膜のエッチングを加速させます．側面にはアルゴンイオンは衝突しませんので側面のエッチングは遅く，この場合は非等方性エッチングとなります．

エッチングにおける非等方性を強めるためにはシースの電界を増加させる必要があります．そのために以下で説明する自己バイアスが利用されます．

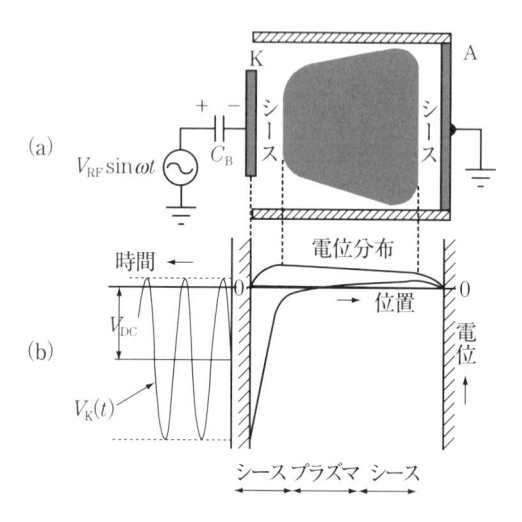

**図 11.6** 自己バイアス発生のメカニズム[11.3]

上図の(a)では電源と陰極(K)の間にコンデンサが挿入されています．この場合，初期において電子がイオンより多量にコンデンサに流れ込み負のバイアス電圧が発生します．その結果，イオンはこの電界により加速され，定常状態ではイオン束と電子束のこのコンデンサへの流入が釣り合った状態となります．そのため，交流電圧を陰極に印加しているにもかかわらず，陰極には負の直流電圧が自然に発生します．これを自己バイアスといいます．

## (3) 灰化（アッシング）

アッシングは**図 11.7** のように酸素プラズマを用いて不要なものを酸化させ取り除くことを指します．レジストは酸素により酸化され，二酸化炭素と水になり

取り除かれます．

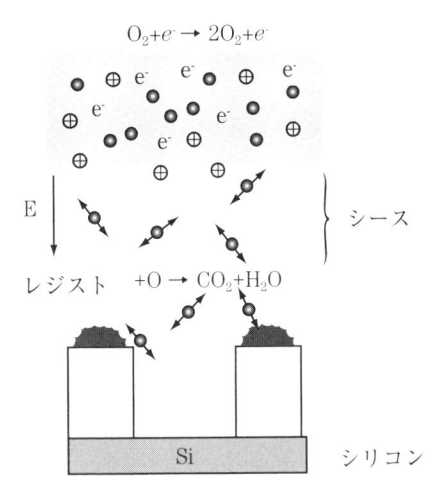

**図 11.7** レジストが酸素プラズマにより灰化される様子[11.2]

### (4) プラズマ浸漬形イオン注入 PIII (Plasma immersion ion implantation)[11.3]

PIIIとは高エネルギーイオン・ビームを固体材料表面に入射し，表面付近の原子組成や原子構造を変化させるプロセスのことで，例えば，半導体へのイオン注入や表面硬化などに用いられます．図11.8はPIIIの概念図を表しています．ターゲットをECRプラズマ内に入れ，ターゲットに一連の負高電圧パルスを印加することにより，プラズマからイオンを引き出しターゲットへ打ち込みます．

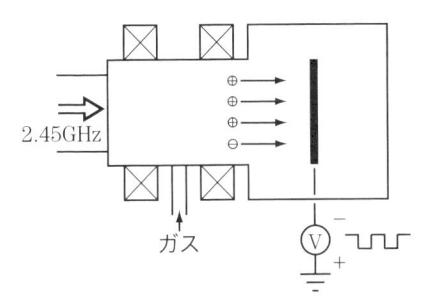

**図 11.8** PIII の概念図

## 練習問題

**問 11.1** フォトリソグラフィについて簡単に説明しなさい.

**問 11.2** 自己バイアスについて簡単に説明しなさい.

**問 11.3** 何故非等方性エッチングが可能なのか簡単に説明しなさい.

# 第12章　プラズマの光源としての応用

　プラズマは広い範囲の波長の光（電磁波）を放出します．しかし，主に利用されているのは波長の短い（エネルギーの高い）光です．蛍光灯もプラズマテレビもともに目に入ってくるのは可視光ですが，これらで利用されているプラズマが放射している光は紫外光です．プラズマが放射した紫外光が蛍光塗料を励起し可視光を放出しています．また，短波長の高エネルギーの光は殺菌作用や分子を切断するなどして化学反応を促進する作用もありますので，そうした応用もされています．では，プラズマはどのような機構で光を放射しているのでしょうか？また上記の応用はどのようになされているのでしょうか？この章ではそうしたことについて述べます．この章を学ぶことにより，プラズマからの電磁波の放射機構やプラズマの光源としての応用についての概要を理解することができます．

## 12.1　プラズマからの主な電磁波放射

### （1）　線スペクトル放射と再結合放射[12.1]

　これらの放射はプラズマ中の原子あるいはイオンの電子軌道の変化による放射で，線スペクトル放射は励起状態にあった電子がよりエネルギーが低い準位の状態に落ちる際に出す電磁波で線スペクトルとなります．再結合放射は自由状態の電子がイオンと再結合する際に，余分のエネルギーを電磁波として放出するもので原理的には連続光となりますが実質的には線スペクトルの様相を呈します．

### （2）　制動放射とサイクロトロン放射[12.1]

　制動放射は，荷電粒子が強い電界により加速度を受けて放射する電磁波で，通常，プラズマ中では電子がイオンによる電界によって加速を受けて放射する電磁波で連続光となります．電子温度 $T_e$ 〔eV〕，電子密度 $n_e$ $(cm^{-3})$，イオンの価数 $Z$ のプラズマからの単位体積当たりの放射強度は

$$I_b = 1.7 \times 10^{-32} Z n_e^2 T_e^{\frac{1}{2}} \,[\mathrm{W/cm^3}]$$

です．

　サイクロトロン放射は，荷電粒子が，磁界が存在するときにサイクロトロン運動をするために放射する電磁波です．粒子の速度が相対論的領域にある場合は，シンクロトロン放射と呼ばれることがあります．プラズマ中でのサイクロトロン放射は電子が主に放出します．

### (3) エキシマからの放射(12.2)

　エキシマとは電子励起状態の原子，分子が他の原子，分子と形成する分子であり，Excited dimer（励起二量体）を略して Excimer と呼んだことに由来します．とりわけ基底状態では結合しない二つの原子によって形成されるエキシマの場合，エキシマが励起状態（上準位）でのみ存在し，基底状態（下位準位）では分解するため，完全な反転分布となり効率よく発光します．例えば，キセノンガス中での放電による発光では下記のような反応により紫外光が放出されます．

$$X_{e2}^* \to 2X_e + h\nu(152nm)$$
$$X_{e2}^* \to 2X_e + h\nu(172nm)$$

## 12.2　プラズマからの電磁波放射の応用

### (1) 蛍光灯(12.3)

　（水銀）蛍光灯は白熱電球と比較して，長寿命，高効率のため広く使われています．例えば，白熱電球では入力電力の約 10〔%〕が可視光として放出されるのに対して，40〔W〕の水銀とアルゴンガスを使用した蛍光灯では約 25〔%〕が可視光として放出されます．

　（熱陰極）蛍光灯の発光原理を，**図 12.1** を用いて簡単に説明します．

　蛍光管内にはアルゴンガスや水銀が封入され，内壁面には蛍光物質が塗布されています．まず始めに，フィラメントに電流を流し，熱電子を放出させることで放電を起こしやすくします．次に，図に現れていない陽極と陰極の間に電圧を印加し放電を起こします．放電で発生した電子が，水銀原子と衝突し，励起状態に

します.励起された水銀原子は紫外光を放出して基底状態に戻ります.紫外光は蛍光体を励起し,励起した蛍光体が可視光を放出します.水銀は,紫外光発光効

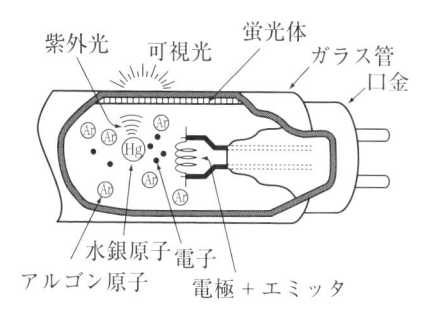

**図 12.1** 蛍光灯の概念図[12.3]

率が良いために用いられていますが,環境汚染の心配から水銀以外の物質を用いた蛍光灯が研究されています.

### (2) プラズマディスプレイ (PDP)

図 12.2 に PDP の動作を説明する概念図を示します.

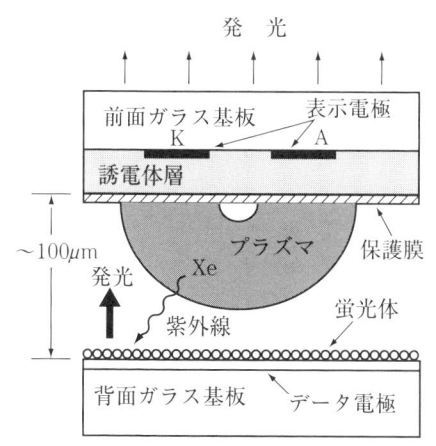

キセノンからの紫外線で蛍光体が発光する

**図 12.2** PDP の概念図

表示電極カソード (K) とアノード (A) 間に放電開始電圧以下の交流電圧を印加します。表示電極とデータ (アドレス) 電極間にパルス状の電圧が印加されたとき放電が始まりプラズマが生成されます。このプラズマから放出された紫外光(Xe ガス使用の場合は波長 147〔nm〕)が蛍光体を励起して可視光を放出します。原理的には，先に述べた蛍光灯と同じ原理（プラズマからの紫外光放射とその紫外光による蛍光体の励起，可視光放出）で発光します。すなわち，PDP は三色の光を発光する小さな蛍光灯の集合体と考えられます。

放電領域のサイズは 1 ～ 100〔$\mu$m〕，封印ガスはキセノン(Xe)とネオン(Ne)（またはヘリウム(He)）がよく使われます。ガス圧はガス圧 $p$ と電極間の距離 $L$ の積がパッシェン曲線の谷となる値になるように設定します。例えば，電極間の距離 $L \approx 43$〔$\mu$m〕のときはガス圧 $p \approx 70$〔kPa〕でパッシェン曲線の谷になり，最も放電が起きやすくなります。封入ガスとしてキセノンの他にネオンも封入するのは電離度を上げ，発光効率を良くするためです。ネオンの準安定状態への励起エネルギーは 16.6〔eV〕です。電子により励起されたネオンがキセノンと衝突するとキセノンの電離エネルギーが 12.1〔eV〕なのでキセノンを電離することがあります。これをペニング効果といいます（下式参照）。

$$e + N_e \rightarrow N_e^* + e$$
$$N_e^* + X_e \rightarrow N_e + X_e^+ + e$$

### (3) 紫外ランプによる殺菌，分子の切断・置換

水銀ランプから放射される 254〔nm〕の紫外線を流水に照射し，流水中に浮遊するバクテリア，カビ，および藻類などを死滅させることに応用されています。また，キセノンエキシマランプからの紫外光 172〔nm〕(7.2〔eV〕)をポリテトラフルオロエチレン(PTFE)に照射しその C-F 基（結合エネルギー 5〔eV〕）の F を OH 基と置換することにより，強い撥水性の性質を親水性に変えることができます。

### (4) 気体レーザ（$CO_2$ レーザを例として）

$CO_2$，$N_2$，He の混合ガスに電圧を印加し放電させると，$N_2$ 分子が励起状態になります。この $N_2$ 分子は準安定状態であり，主として他の分子等との衝突によっ

## 12.2 プラズマからの電磁波放射の応用

て基底状態へ遷移します．$CO_2$ 分子は $N_2$ 分子と衝突し，励起状態となり，反転分布（エネルギーの高い状態の方が低い方より多数の分子（この場合）が存在する）ができ，誘導放射が起きます．この状態で，放電の両端に鏡を取り付け，帰還増幅させるとレーザ発振します．図 12.3 にこの場合のエネルギー準位図を図 12.4 に $CO_2$ レーザ装置の概念図を示します．

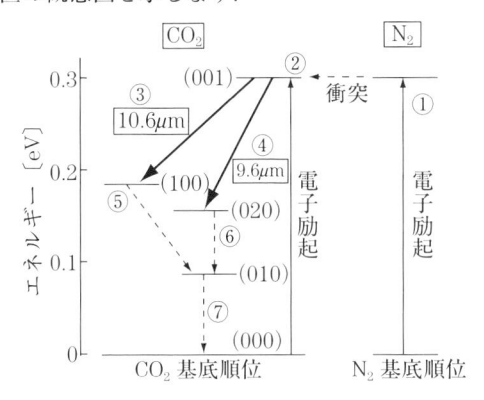

**図 12.3** $CO_2$ レーザのエネルギー準位図

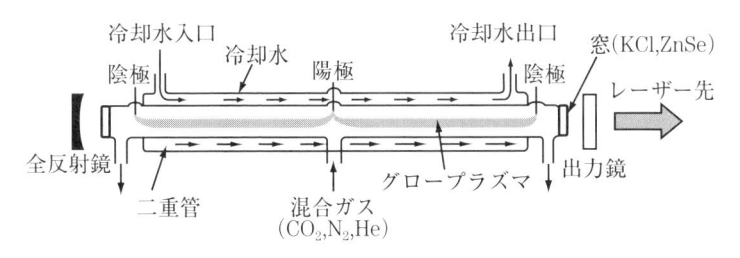

**図 12.4** $CO_2$ レーザ装置の例

## 練習問題

**問 12.1** PDP セル中のガスの内,95〔%〕が Xe,5〔%〕が Ne で圧力は 70〔kPa〕とします.また電子温度は 1〔eV〕とします.このとき,Xe 及び Ne の電離度を求めなさい.ただし,Xe の電離エネルギーは 12.1〔eV〕,Ne の電離エネルギーは 21.6〔eV〕です.なお,1〔eV〕= 11605〔K〕です.
ヒント.サハの式

$$d = \frac{n_i}{n_0}, \frac{d^2}{1-d^2} = 3.3 \times 10^{-2} T^{2.5} P^{-1} \exp\left(-11600 \frac{u_i}{T}\right)$$

(実際には問 12.1 で求めた値より Xe の電離度は高くなりますが,これはペニング効果のためです)

**問 12.2** 前問の PDP セルにおいて電極間の距離 $L=43$〔μm〕のとき,ガス圧 $P=70$〔kPa〕で火花放電開始電圧が最小となったとする.もし,PDP セルを小さくして,電極間の距離を $L=30$〔μm〕としたとすると,火花放電開始電圧を最小とするためにはガス圧を何〔kPa〕にすればよいでしょうか?

**問 12.3** ペニング効果について簡単に説明しなさい.

# 第13章 核融合発電への応用

太陽が放出しているエネルギーの内,地球上に達するエネルギーは $1.25 \times 10^{14}$ [kW] で,全世界の平均の電力消費量 $3.81 \times 10^{8}$ [kW] の約30万倍です.この膨大なエネルギーは水素が核融合反応を起こしヘリウムが発生するときに放出されます.こうした核融合エネルギーを地上で発生させ利用することができれば,人類にとってエネルギー資源の問題から解放される可能性があります.そこで地球上に人工の太陽を作り電力を発生させる試みが,高エネルギープラズマの生成・維持により行われています.第13章ではこの核融合発電について述べます.この章を学ぶことにより,核融合発電の概略を理解することができます.

## 13.1 発電への利用が期待されている核融合反応と放出エネルギー

最初に核融合発電への利用が期待されている核融合反応は,核融合反応断面積が大きく炉成立の条件が比較的容易なことから,水素同位体である重水素(D)と三重水素(T)の反応です.しかし,その他にも,重水素と重水素(資源が豊富),あるいは水素とホウ素($B^{11}$)(荷電粒子のみ発生)の反応などが注目されています.それぞれの核反応,および発生エネルギーを下記に示します[13.1].

(1) D(重水素) + T(三重水素) ・・・ He(ヘリウム) + n(中性子)
$$3.52 \text{[MeV]} + 14.06 \text{[MeV]} = 17.58 \text{[MeV]}$$

(2) D(重水素) + D(重水素) ・・・ (50[%]) T + H
$$1.01 \text{[MeV]} + 3.03 \text{[MeV]} = 4.04 \text{[MeV]}$$
$$(50 \text{[%]}) \quad {}^3\text{He} + n$$
$$0.82 \text{[MeV]} + 2.45 \text{[MeV]} = 3.27 \text{[MeV]}$$

(3) P(プロトン) + $B^{11}$(ホウ素11) ・・・ ${}^3\text{He}^4$
$$8.68 \text{[MeV]}$$

生成粒子の下に示した数値は核融合反応後,その粒子が持つエネルギーを示しています.また,重水素と重水素の核融合反応で(50〔%〕)と書かれているのは各々50〔%〕の確率で2つの反応が起きることを示しています.

最初の実用化が期待されている(1)の反応では重水素・三重水素1〔g〕で約石油8トン分のエネルギーが放出されます[13.2].重水素は水 $H_2O$ のなかに一部HDO(1個の水素原子のかわりに重水素が入っている)が含まれていますので,そこから取り出すことできます(重水素は水30リットルの中に約1〔g〕存在します).三重水素は自然界には存在しませんので,例えば以下の反応を用いて作ります.

$$Li^6 + n \cdots T + He^4 \ (4.8 \ [MeV])$$

## 13.2 ローソン条件

核融合炉を図 13.1 のように模式化した場合,次の等式が成立する条件をローソン条件といいます.

(プラズマを維持するために用いる加熱パワー) = (炉からの出力) × (変換効率)

この条件下では,核融合反応炉から出てきた全てのエネルギーを,核融合反応を維持するために使うことになるので,外部への出力は零となります.

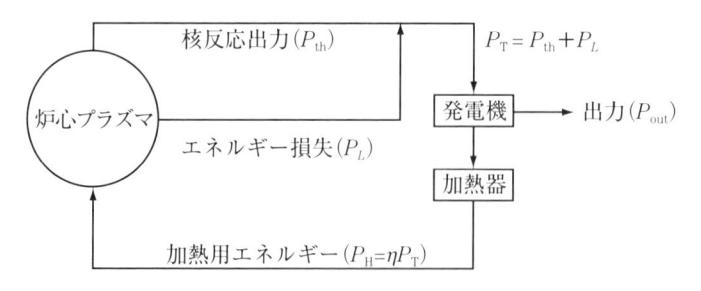

**図 13.1** 核融合発電モデル

図 13.1 で,$P_{th}$ は単位時間・単位体積当たりの核融合反応により発生するエネルギー,$P_L$ は単位時間・単位体積当たりに炉心プラズマから失われるエネルギー,

## 13.2 ローソン条件

$P_H$ は単位時間・単位体積当たりの加熱エネルギー，$\eta$ は発電機と加熱器の効率です．

ローソン条件は次式のようになります．

$$n\tau_E = \frac{3\kappa T}{\dfrac{\eta}{1-\eta}\dfrac{E_{DT}}{4}\langle \sigma v \rangle - \alpha\sqrt{\kappa T}} \tag{13.1}$$

ただし，$P_L = \alpha n^2 \sqrt{\kappa T} + \dfrac{3n\kappa T}{\tau_E}$ とし，$n$ はプラズマ密度，$T$ はプラズマ温度，$\langle \sigma v \rangle$ は核融合反応率，$E_{DT}$ は1回の DT 反応で放出されるエネルギー，$\eta$ は変換効率，$\tau_E$ はエネルギー閉じこめ時間，$\alpha$ は定数です．

プラズマ温度が 10 [keV] とすると，DT 反応では $\langle \sigma v \rangle \approx 10^{-22}$ [m³s⁻¹] です．$E_{DT} \approx 17.6$ [MeV] なので，$\alpha \approx 3.8 \times 10^{-29} J^{\frac{1}{2}}$ [m³s⁻¹]，$\eta \approx \dfrac{1}{3}$ とすると，ローソン条件は $n\tau_E \approx 1.4 \times 10^{20}$ [m³s] となります（計算では温度はジュールの単位に直しています）．

もし，密度が $n \approx 1.4 \times 10^{20}$ [m⁻³] ならエネルギー閉じ込め時間 1 秒を達成すればローソン条件をみたします．閉じ込め時間がそれ以上に長いなら，または密度が高いなら外部へ出力を取り出し発電に使えます．

図 13.2 にトーラス形核融合発電炉の概念図を示します．

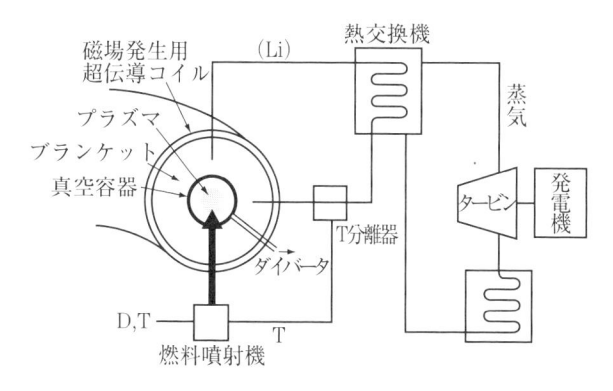

**図 13.2** トーラス形核融合発電炉の概念図

## 13.3 プラズマのトーラス磁界による閉じ込め

ローソン条件を達成するために，主として閉じ込め時間を延ばす方法（磁気閉じ込め方式）と密度を超高密度にする方法（慣性核融合方式）が考えられています．ここでは，磁気閉じ込め方式，特にトカマク装置によるプラズマ閉じ込めについて簡単に解説します．

### （1） 磁界中での荷電粒子の運動

一様磁界，例えば時間，空間的に一定な磁界 $\vec{B}=(0,0,B_z)$ 中で，外力のないときの質量 $m$，電荷量 $q$，磁力線に垂直方向の速度 $V_\perp$ の荷電粒子の運動は，磁力線に垂直方向の回転運動（半径 $r=\dfrac{mV_\perp}{qB_z}$）と，磁力線方向（z 方向）の等速度運動の重ね合わせた運動となります．もし，外力 $\vec{f}$ （例えば電界による力 $q\vec{E}$）が存在すると，磁力線に垂直方向の運動はドリフト運動となることがあります．ドリフト運動とは，（衝突以外で）磁力線を横切って，磁力線に垂直に進む運動で，磁界によるプラズマ閉じ込めの障害となります．外力以外に磁界分布の不均一もドリフト運動を生じます．外力 $\vec{f}$ が存在するときのドリフト運動の速度 $\vec{V_d}$ は次式で表されます．

$$\vec{V_d}=\dfrac{\vec{V_d}\times\vec{B}}{qB^2} \tag{13.2}$$

ここで，$B$ は磁束密度の大きさ，$q$ は荷電粒子の電荷量です．

### （2） 回転変換[13.1]

円形のコイルをドーナツ状に並べて作る磁界分布は磁力線が閉じた形となり，一見，プラズマを閉じ込めることが可能なように見えます．この単純トーラス磁界（ドーナツ状の磁界）では磁界の曲率による遠心力，および磁界の空間的不均一のため，電子とイオンは上下逆方向にドリフト運動します．その結果，磁界に垂直方向の電界が発生します．この電界と磁界による $E\times B$ ドリフトにより，

プラズマは外部へ流失します[(13.1)]．

この流失を防ぐため，磁力線をヘリカル状になるようにし，ある場所では磁力線がトーラスの下側，ある場所では上側を通るようにし，荷電分離した電子とイオンを短絡（荷電粒子は磁力線方向には自由に動ける）し，ドリフト運動により生じた電界を打ち消します．この磁界にひねりを加えることを回転変換といいます．すなわち，荷電粒子が磁力線に巻き付くことを利用してプラズマを閉じ込めるのですが，ドリフト運動により生じたる荷電分離を解消させるため，ドーナツ状の空間内に閉じ込められた磁力線に回転変換を生じさせ $E \times B$ ドリフトによる荷電粒子の流失を防ぎます．

では，どのようにして磁力線に回転変換を生じさせるのでしょうか？トカマクの場合は，プラズマ内にトーラス方向の電流を変圧器の原理を用いて流すことにより回転変換を生じさせます．

## 13.4　核融合炉の大きさの見積もり

トカマク形プラズマ閉じ込め装置では装置を大きくするほど閉じ込めがよくなります．ここではローソン条件を満足するのに必要な装置の大きさを見積もってみます．

以下のことを仮定します．
(a) アスペクト比（$= R/a$）は 4 とします．ここで，$R$ はトーラス状プラズマの大半径，$a$ はトーラス状プラズマの小半径です．
(b) エネルギー閉じ込め時間は次式で表されるゴールドストーン則（経験則，ITER の設計に用いられている経験則は参考文献（13.2）を参照してください）に従うとします．
$$\tau_E = 1.0 \times 10^{-21} n a^{1.04} R^{2.04} q_a 0.5 \ [\mathrm{s}^{-1}]$$

ここで，$\tau_E$ はエネルギー閉じ込め時間（エネルギーが $1/e$ に減る時間），$n$ はプラズマの平均密度で $1.4 \times 10^{20}$ [m$^{-3}$] とし，$q_a$ は安全係数で約 1 とします．
(c) プラズマ温度は $T = 10$ [keV] とします．

ローソン条件より，$n\tau_E = 1.4 \times 10^{20}$ 〔sm$^{-3}$〕，今，$n = 1.4 \times 10^{20}$ 〔m$^{-3}$〕なので必要なエネルギー閉じ込め時間は $\tau_E = 1.0$ 〔s〕となります．ゴールドストーン則に各パラメータを代入して，大半径，小半径を求めると $R \sim 3.2$ 〔m〕，$a = 0.8$ 〔m〕となります．これより大きくすると，エネルギー閉じ込め時間が延びて，出力が取り出せるようになります．

**参　考**　核融合発電研究の歴史と現状[13.2]

核反応の実験的研究は，1932年のイギリスのコッククロフト・ウォルトンによる最初の人工原子核反応の実験です．彼らは，陽子をリチウムなどの軽元素の原子核に衝突させて，ヘリウムの原子核に変換させることに成功し，ノーベル賞を受賞しました．その時に彼らが発明した，ダイオードとコンデンサーを用いた倍電圧整流回路を用いて高電圧を得る方式は現在も直流高電圧を得る手法として用いられています．磁気閉じ込め核融合の研究は1950年代初め頃から開始されました．米・ソ（当時）・日本・欧州による国際協力の核融合実験炉建設計画（ITER計画）は，1988年からの3カ年間にわたる概念設計から始まりました．

**表 13.1**　予想される ITER の主な性能と仕様[13.2]

| 全核融合出力 | 500MW |
|---|---|
| $Q$（核融合出力／外部加熱パワー） | $\geq 10$ |
| 平均 14MeV 中性子壁負荷 | $\geq 0.57$ MWm$^2$ |
| プラズマ大半径 | 6.2m |
| プラズマ小半径 | 2.0m |
| プラズマ電流 | 15MA |
| トロイダル磁場(6.2m半径点) | 5.3T |
| 外部加熱・電流駆動パワー | 7.3MW |

その後，1992年から9年間にわたる工学設計が行われ，2005年にフランスのカダラッシュに ITER を建設することが決まりました．現在では，インド，中国，韓国が加わり，7極の共同事業として建設が進められています．プラズマ実験は2017年に開始することが予定されています．**表 13.1** に ITER の予定されている主な性能を示します．

## 練習問題

**問 13.1** 水 1 リッターからとれる重水素を用い，DD 核融合反応によるエネルギーが灯油 80 リッター分に相当することを示しなさい．
ただし，$H_2O$ 中には 0.032 〔%〕の HDO が含まれるとし，灯油の比重は 0.80 〔$g/cm^3$〕，1.0 〔kg〕の灯油から発生するエネルギーは $1.1 \times 10^7$ 〔cal/kg〕として計算しなさい．

**問 13.2** 本文中の式（13.1）を導きなさい．

**問 13.3** 単純トーラスではプラズマが閉じ込められない理由を簡単に述べなさい．

**問 13.4** 平衡状態にある磁気閉じ込め装置において，磁力線の曲がりが小さく $(\vec{B}\cdot\nabla)\vec{B} \sim 0$ と見なせるときには，プラズマ圧力と磁気圧力 $\left(=\dfrac{|\vec{B}|^2}{2\mu_0}\right)$ の和が一定となることを示しなさい．

ヒント：$(\nabla \times \vec{B}) \times \vec{B} = -\dfrac{\nabla(\vec{B}\cdot\vec{B})}{2} + (\vec{B}\cdot\nabla)\vec{B}$

# 第14章　大気圧放電とその応用

　以前の章ではガス圧が大気圧よりかなり低い圧力で生成維持されたプラズマについて述べてきました．ガス圧を低い圧力に保つためには真空容器や真空ポンプが必要です．もし，大気圧でも同様のプラズマ，またはプラズマ状の状態が得られたら装置構成が容易かつ安価となり応用の範囲も広がると考えられます．本章では大気圧放電によりプラズマ状の状態を生成する方法，およびその応用について述べます．この章を学ぶことにより，現在，盛んに応用研究が行われている大気圧プラズマの概要を理解することができます．

## 14.1　大気圧放電

### (1)　コロナ放電

　コロナ放電とは電極のまわりの電界が著しく不均一で気圧が高い場合に生じる微弱で不安定な放電です．図14.1に示すように微弱な多数の線状の放電で，極性および印加電圧により様子が異なります．電圧を高くしすぎると火花放電に移行します．

　コロナ放電の特色の1つは，電流値が小さいため消費エネルギーが小さいこと

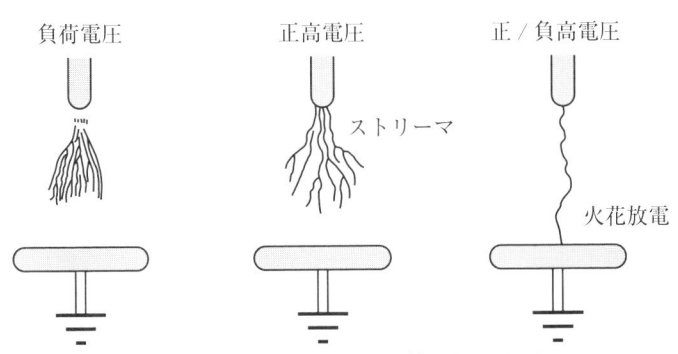

図14.1　コロナ放電の様子 [14.1], [14.2]

です．しかし，ある程度の電圧が印加されていますので比較的高エネルギーの電子が生成され，それによるラジカルの生成と化学反応の促進が期待されるので，応用研究が行われています．

コロナ放電における電流・電圧の実験式は以下のように表されます[142]．

$$I = aV(V - V_0) \tag{14.1}$$

ここで，$V_0$ はコロナ放電開始電圧で $a$ は定数です．

高電圧の送電線ではこのコロナ放電が電力損失となります．高電圧の交流送電線，単位長さ当たりのコロナ損 $P_c$ は次式となります．

$$P_c = b(V - V_0)^2 \tag{14.2}$$

ここで $b$ は定数です．コロナ放電電流の波形はパルス的で，その周波数は放電電流に比例する傾向があります．

### (2) 誘電体バリア放電（DBD, dielectric barrier discharge）

誘電体バリア放電は，電極間に誘電体をはさんで交流高電圧を印加したときに生じる放電です（図14.2参照）．図14.2のように両電極を誘電体で覆う方式の他，一方の電極のみ，あるいは電極の間に誘電体を挟んだ方式があります．この放電では，一方の電極から伸びたストリーマー（線状の放電）が他方の電極近辺の誘電体に達すると，そこに電荷が蓄積されその影響で電極間の電位差が小さくなりそこでの放電が停止します．極性が反転すると再び反対方向へ伸びる放電が始まります．このようにナノ秒オーダーのパルス放電が，極性が反転するたびに生じます．

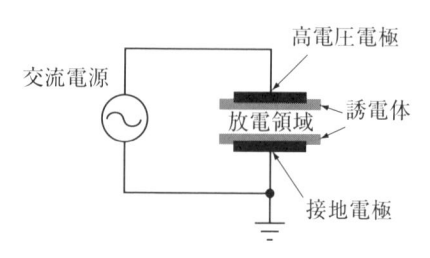

**図 14.2 誘電体バリア放電装置の概念図**

14.1 大気圧放電

(a)

(b)

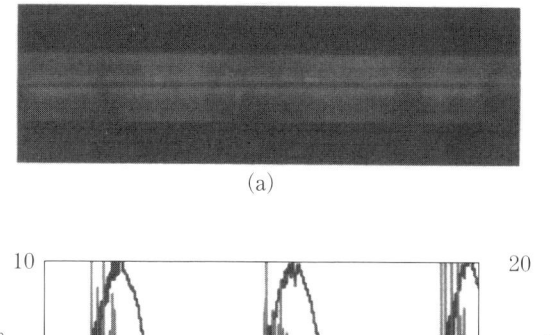

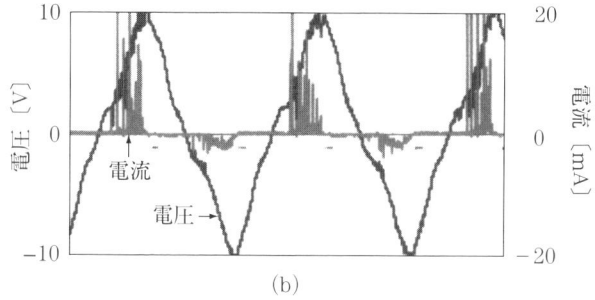

**図 14.3** 同軸形誘電体バリア放電の (a)写真と (b)電圧・電流波形

　この放電の特徴は，(a)放電のパルス幅が短いため，ガスやイオンを加熱する時間が十分でなくガスやイオンの温度を低温に保てること，(b)電圧を高くしてもアーク放電に移行しにくいので印加できる電圧の幅が大きいことなどです．図14.3に同軸円筒形の誘電体バリア放電の写真と印加電圧と放電電流の図を示します．

### (3) アーク放電

　アーク放電は電極からの電子の放出が，イオンの陰極への衝突による2次電子放出以外のものが主となる放電の形態です．図14.4にアーク放電の概念図と電極間の電位分布を示します．

　シース幅（陰極効果領域）は電子の平均自由行程程度で，シース内の電位変化は10〔V〕程度です．従って陰極から放出された電子は電離に十分なエネルギーを得ることができません．グロー放電ではシースでの電位変化が数百Vであったため，陰極から2次電子として放出された電子は電離に必要なエネルギーを得ることができ，多数のイオン・電子を生成します．アーク放電では陰極から放出

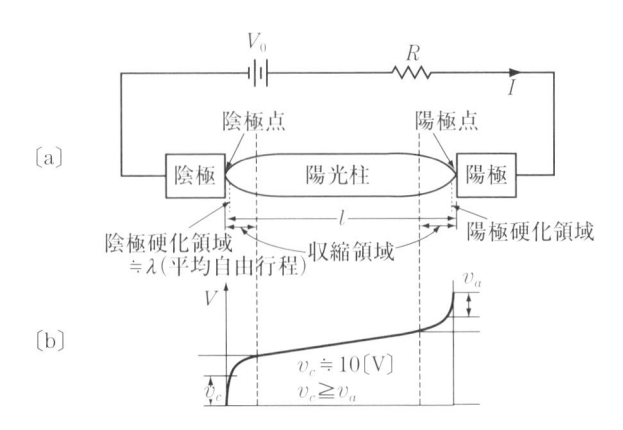

**図 14.4** (a)アーク放電の概念図および(b)電位分布[14.1]

された電子が直接電離することより，プラズマ中心部（陽光柱）に存在する高エネルギー電子による電離(熱電離)が主となります．これは陽光柱が高温度になっているためでもあります．

陽光柱ではアーク電流とその電流によって発生した磁界との相互作用により陽光柱の径が縮まる力が働きます．これをピンチ効果と呼びます（練習問題 14.1）

アーク放電は，負極の加熱により起こる熱電子放出による熱陰極アークと，負極表面の強い電界により直接電子が放出され冷陰極アークに分れ，負極が炭素・タングステンなどの高沸点材料でできている場合は熱陰極アーク，鉄・銅・水銀などの低沸点材料でできている場合は冷陰極アークになる傾向があります．

## 14.2 大気圧放電の応用

### (1) 電気集塵器[14.3]

石炭火力発電所，製鉄所，廃棄物焼却炉などのボイラーからでる燃焼排ガスに含まれる大量の微粒子を，コロナ放電を用いて捕集し除去する装置で，捕集の原理について**図 14.5**を用いて説明します．2枚の接地した平板の中に，細い放電線を何本も張り，これに負の直流高電圧を印加し，コロナ放電を発生させます．燃焼排ガスをこの中に通過させると，微粒子に荷電粒子が付着し，微粒子が帯

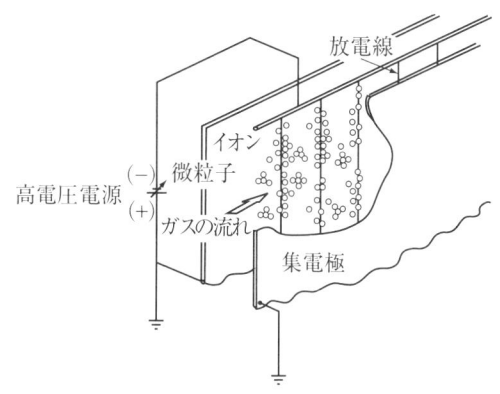

図 14.5　電気集塵機の概念図

します．この帯電した微粒子を電界により平板電極に引き寄せ捕集します．

### (2) オゾン発生装置

オゾンは殺菌，脱色，脱臭などに利用されています．例えば，オゾンによる水の処理では，塩素では殺菌できないクリプトスポリジウムのような微生物も殺菌でき，また，発がん性のあるトリハロメタンの発生も抑制できます．
オゾンは誘電体バリア放電により生成できます．例えば，2枚の平行平板電極をガラスのような誘電体で覆い，乾燥空気または酸素を流します．両電極間に10〔kV〕程度の交流電圧を印加すると，短時間に発生，消滅を繰り返す微小な放電柱が多数発生します．
この放電内では以下の反応によりオゾンが生成されます．

$$O_2 + e \rightarrow 2O + e$$

$$O_2 + O + M \rightarrow O_3 + M$$

ここで，Mは窒素などの他の物質です．

### (3) 都市ゴミ処理[14.4]

焼却炉の燃やした後の残る灰や，電気集塵機で捕集した灰に含まれる重金属やダイオキシン類をアークプラズマにより処理することが行われています．同時に

この処理では容積が低減されます．図 14.6 にアーク放電による都市ゴミ処理の概念図を示します．

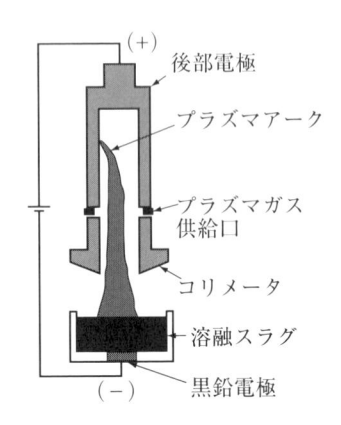

図 14.6 アーク放電による都市ゴミ処理の概念図

アーク放電処理により，焼却灰の容積は約半分となります．実際にはその内の 5.7〔%〕を占める溶融メタルおよび 86.7〔%〕を占めるスラグは有効利用が可能です．例えば，スラグはコンクリート用骨材などに使えます．また，ダイオキシン類はほぼ完全に分解されます[14.4]．

## 練習問題

**問 14.1** アークプラズマ柱を半径 $R$ の円柱としたときの平衡状態での磁界，圧力の $r$ 方向分布を求めなさい．ただし，系は軸対象であり，電流密度は一様で全電流値は $I$，端（$r = R$）での圧力は $P=0$ とします．

**問 14.2** 電気集塵機における捕集の原理について簡単に説明しなさい．

# 第15章 超粒子シミュレーション

プラズマは自由に動きまわる電子とイオンの集合体であり，極めて多数の荷電粒子が自分自身の作る電磁界によりお互いに影響を与えあって運動しています．このプラズマの本質的に多体的性質がプラズマ現象の理論的解析を困難にしています．プラズマ現象を解析する方法として，荷電粒子の運動方程式と荷電粒子が作る電磁界を決定するマクスウェルの方程式を連立させて，系の時間発展を追跡することが考えられます．しかし，通常のプロセスプラズマでは 1 $[\text{cm}^3]$ あたり $10^{10} \sim 10^{14}$ 個の荷電粒子が存在するため，すべての荷電粒子を追跡することは計算機の能力から考えて不可能です．そこで，$10^2 \sim 10^6$ 個の粒子を合体して一つの超粒子とし，超粒子の運動を追跡してプラズマ現象を解明することが考え出されました．本章では，この超粒子シミュレーションについて述べます．この章を学ぶことにより粒子シミュレーションの概要を理解することができます．

## 15.1 超粒子シミュレーション

プラズマ粒子の運動をニュートンの運動方程式を解くことにより求めることは，その粒子数から考えて現実的ではありません．そこで，多数の粒子を1個の超粒子とし，プラズマを計算可能な数の電子超粒子とイオン超粒子の集合として取り扱う方法が考案されました．この超粒子シミュレーションはPIC（Particle in Cell）シミュレーションと呼ばれていますが，ブーネマン（Buneman）やドーソン（Dawson）による電子の軌道のシミュレーションを発端としています．PIC法の定式化は1960-1980年代にかけて，何人かの研究者（Birdsall, Langdon, Hockney, Eastwood 等）により行われました．

PICシミュレーションの実際のプログラムは多数開発されていますが，ここでは，プロセス用プラズマ源のシミュレーションを主な目的として開発されたXPDP1[15.1]（Ver.4.10，現在の最新バージョンは4.11）を中心に超粒子モデルに

ついて解説します．XPDP1 は平行平板形 RF 放電用に開発された1次元静電プログラムです．これはカリフォルニア大学バークレー校のプラズマ理論シミュレーショングループにより開発されプログラムで，一般に公開されています．また，XOOPIC と呼ばれている磁界を含めた，より一般化された2次元のプログラムも公開されています．入手法および UNIX 系計算機へのインストール法等は付録 A15.1 を参照してください．また，実例として，XPDP1 のソースプログラムにマイクロ波の電界を組み込んで，表面波プラズマでの高エネルギー電子生成についてシミュレーションした結果も紹介します．XPDP1 では，超粒子の電荷と質量の比は，実際の荷電粒子の値と同じにしています．超粒子を点として取り扱うと，計算時に大きな雑音を発生するので，実効的に広がりのある粒子，ただしお互いにすり抜けることができる粒子として計算しています．

## 15.2 超粒子シミュレーション（PIC-MCC 法）の詳細[15.2]-[15.4]

### (1) 計算手順

シミュレーションでは，まず，粒子の位置と速度を決め，その粒子近辺の格子点へ，その粒子が持つ電荷・電流を分配します．次に格子点での電磁界を計算し，これらの値から超粒子の位置での電磁界を求め，粒子に加わる力を求めます．この力から次の時刻での加速度を，加速度から速度を，速度から位置を計算します．

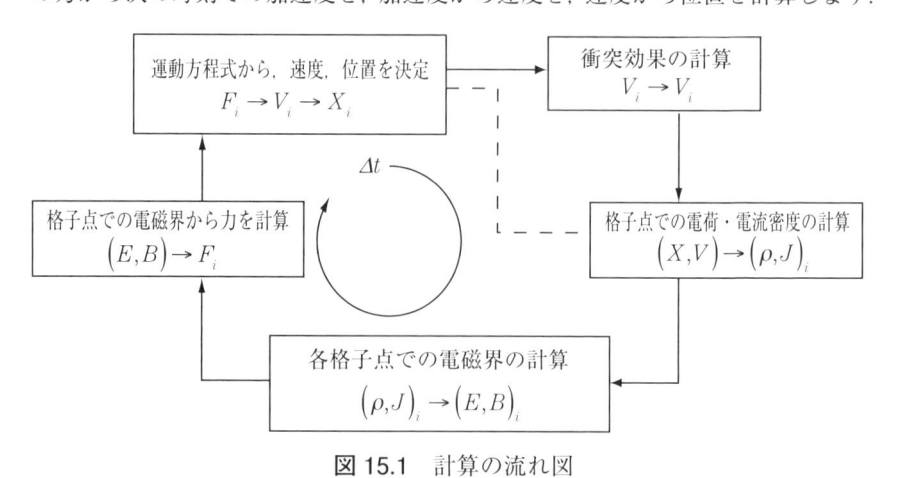

```
運動方程式から，速度，位置を決定          衝突効果の計算
     $F_i \rightarrow V_i \rightarrow X_i$          $V_i \rightarrow V_i$

              ↑                                    ↓
              
              $\Delta t$
              
格子点での電磁界から力を計算        格子点での電荷・電流密度の計算
     $(E,B) \rightarrow F_i$              $(X,V) \rightarrow (\rho,J)_i$

              ↑                                    ↓
              
              各格子点での電磁界の計算
              $(\rho,J)_i \rightarrow (E,B)_i$
```

図 15.1　計算の流れ図

## 15.2 超粒子シミュレーション（PIC-MCC法）の詳細

このように格子点で，電磁界を計算する手法は，粒子間の相互作用を直接計算する手法より計算速度が早く，またメモリーも少なくてすみます．この方法をPIC法と呼んでいます．また，中性粒子との衝突の影響はモンテカルロ法を用いて計算しています．図15.1に計算の流れ図を示します．

### （2）計算式の差分化と物理量の格子点への配分

PICシミュレーションでは次のニュートンの運動方程式を取り扱います．

$$\frac{d}{dt}m\vec{V} = q(\vec{E}+\vec{V}\times\vec{B}) \tag{15.1}$$

$$\frac{d}{dt}\vec{x} = \vec{V} \tag{15.2}$$

この基礎方程式を，差分化し蛙跳び法（leapfrog method）で積分します．差分化した式を以下に示します．

$$\frac{\vec{V}^{t+\frac{\Delta t}{2}}-\vec{V}^{t-\frac{\Delta t}{2}}}{\Delta t} = \frac{q}{m}\left(\vec{E}^{t} - \frac{\vec{V}^{t+\frac{\Delta t}{2}}+\vec{V}^{t-\frac{\Delta t}{2}}}{2}\times\vec{B}^{t}\right)$$

$$\frac{\vec{x}^{t+\Delta t}-\vec{x}^{t}}{\Delta t} = \vec{V}^{t+\frac{\Delta t}{2}}$$

ここで，$\vec{V}^{t}$は時刻$t$における速度を表します．

図15.2に極板間をモデル化したものを示します．長さ$L$の系を$n$等分して，格子間隔は$\Delta x$，$j$番目の格子の座標を$X_j = j\Delta x$，$(j = 0,1,2,\cdots,n)$とし，$i$番目の超粒子の電荷を$q_i$，座標を$x_i$とします．

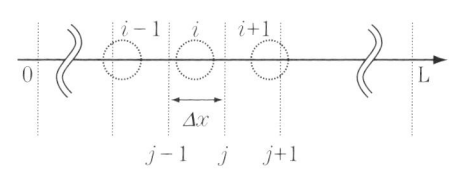

**図15.2　一次元格子モデル**

超粒子のもつ電荷は近傍の格子点に式（15.3）に従って割り振られます．

$$\rho_j(X_j) = \sum q_i S(X_j - x_i) \qquad (15.3)$$

ここで，$\rho_j$ は格子点 $X_j$ における電荷，$q_i$ は $i$ 番目の超粒子の電荷，$x_i$ は $i$ 番目の超粒子の位置，$S(x)$ は超粒子の形状に依存する関数で分配関数と呼ばれています．一次補間では $S(x)$ は次式（図 15.3）のように表されます．詳細は文献（15.1）-（15.4）を参照してください．

$$S(x) = \begin{cases} \dfrac{\Delta x - |x|}{\Delta x} & (|x| < \Delta x) \\ 0 & (|x| > \Delta x) \end{cases}$$

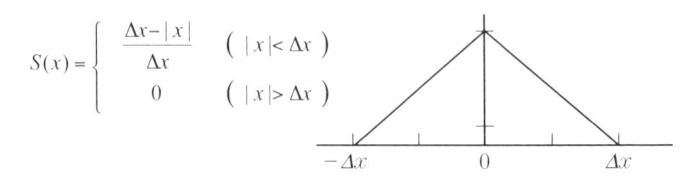

**図 15.3** 一次補間分布関数 $S(x)$

電界は，格子点における電荷をもとに，ポアソンの方程式

$$\nabla^2 \phi = -\frac{\rho}{\varepsilon_o} \quad （一次元では \frac{\partial^2 \phi}{\partial x^2} = -\frac{\rho}{\varepsilon_o}）$$

から格子点での電位を求め，次に次式を用いて電界を求めます．また，超粒子の位置での電界は補間法により求めます．

$$E = -\nabla \phi \quad （一次元では E_x = -\frac{\partial \phi}{\partial x}）$$

### (3) タイムステップと格子間隔

角周波数 $\omega$ の調和振動を蛙跳び法で解く場合，次の不等式を満たすタイムステップ $\Delta t$ で解くと，計算結果が不安定になることがわかっています．

$$\omega \Delta t > 2$$

従って，タイムステップは $2/\omega$ より，小さく設定しなければなりません．通常は観測したい現象の典型的な時間スケールより十分小さく設定します．一般的に，シミュレーションしている現象における最大の角周波数を $\omega_{max}$ とすると，

$$\omega_{max} \Delta t \leq 0.2$$

## 15.2 超粒子シミュレーション（PIC-MCC法）の原理

となるようにタイムステップを決めれば，その振動に対して良い精度で計算できると言われています．

また，計算精度を良くするためには次式を満たすようにする必要があります．

$$\Delta t < \Delta x / V_{\max}$$

ここで，$\Delta x$ は格子間隔，$V_{\max}$ は超粒子の考慮すべき最大速度です．

さらに，衝突が重要な場合には，

$$\Delta t \ll 1/\nu$$

を満足することが必要です．ここで$\nu$は衝突周波数です．

1セル当たりの超粒子数を$N_p$とすると，ノイズのレベルは$N_p$の平方根に逆比例すると言われています[15.1]．通常，$N_p$の値は，10から100の間の値とします．この雑音を，$N_p$一定のまま減らすために，フーリエ空間でのフィルタリング（Fourier Space Filter）[15.2],[15.3]や，静電的なディジタルスムーシング（Electrostatic Digital Smoothing）[15.2],[15.3] などが行われています．前者は，フーリエ空間において，一部の周波数帯の波を減衰させたり，強調したりするもので，後者はある格子点の物理量を近傍の格子点値の'平均値'とするものです．

静電プログラムでは格子間隔 $\Delta x$ をデバイ長以下にすれば数値的な不安定性は生じないといわれています．加えて，格子間隔 $\Delta x$ は，重要な物理現象の寸法（例えば，デバイ長，シース幅，波長等）より十分小さくして，その現象を再現できるようにする必要があります．おおよそ，着目している現象の特性長の 1/10 以下に格子間隔をすれば，結果に大きな影響はでてきません．

### （4） 中性粒子との衝突の影響

荷電粒子と中性の原子，分子との衝突の影響をシミュレーションするために，PICプログラムにモンテカルロ衝突モデルを付け加えることがあります．この場合のシミュレーションプログラムを，PIC-MCCプログラムと呼びます．モンテカルロ衝突モデルでは，衝突過程を，衝突断面積を用いて統計的に計算します．次にこのモンテカルロ衝突モデルについて説明します．

今，例として，電子（エネルギー $\varepsilon_i = \frac{1}{2}mV_i^2$）と中性粒子（ガス密度 $n_g$）の弾性衝突（衝突断面積 $\sigma_1$），励起衝突（衝突断面積 $\sigma_2$），イオン化衝突（衝突断

面積 $\sigma_3$) がある場合を考えます．また，これらの衝突断面積の総和を

$$\sigma_T = \sigma_2 + \sigma_2 + \sigma_2$$

とすると，この電子が中性ガスとなんらかの衝突をする確率 $P_i$ は次式で表されます．

$$P_i = 1 - \exp\left[-n_g(x)\sigma_T V_i \Delta t\right] \tag{6}$$

各タイムステップ，各超粒子ごとにこの計算を行うと，時間がかかりすぎます．そこで，通常は，衝突の総和断面積 $\sigma_T$ の内，最大となる電子エネルギーの断面積を $\sigma_{T\max}$ とし，下式で定義される，にせの衝突断面積 $\sigma_{\text{null}}$ を導入します．

$$\sigma_{\text{null}} = \sigma_{T\max} - \sigma_T$$

衝突断面積は，本来，電子のエネルギーの関数ですが，この $\sigma_{\text{null}}$ を導入すると，衝突の新総和断面積 $\sigma_{T'}$ は電子のエネルギーに依存しなくなります．

$$\sigma_{T'} = \sigma_{\text{null}} + \sigma_T$$

従って，全ての電子はそのエネルギーに無関係に，次式で表される衝突確率で衝突することになります．

$$P_i = 1 - \exp\left[-n_g(x)\sigma_{T'} V_i \Delta t\right]$$

そこで，全超粒子数に $P_i$ を掛けた数の超粒子をランダムに選び，その超粒子のみ，衝突したとして以下に述べる処理を行えば良いことになります．

まず，$0 \leq R_1 < 1$ の範囲の一様乱数 $R_1$ を計算し，もし $P_i > R_1$ ならこの超粒子は衝突をしたとし，そうでなければ，衝突しなかったとします．次に，別の一様乱数 $R_2$ ($0 \leq R_2 < 1$) を発生させます．もし，$0 \leq R_2 < \sigma_{\text{null}}/\sigma_{T'}$ なら，やはり衝突がなかったとし，$\sigma_{\text{null}}/\sigma_{T'} \leq R_2 < (\sigma_1 + \sigma_{\text{null}})/\sigma_{T'}$ なら弾性衝突が発生したとし，$(\sigma_1 + \sigma_{\text{null}})/\sigma_{T'} \leq R_2 < (\sigma_1 + \sigma_2 + \sigma_{\text{null}})/\sigma_{T'}$ なら励起衝突が，$(\sigma_1 + \sigma_2 + \sigma_{\text{null}})/\sigma_{T'} \leq R_2 < (\sigma_1 + \sigma_2 + \sigma_3 + \sigma_{\text{null}})/\sigma_{T'}$ なら電離衝突が発生したとします．その後，衝突後のエネルギー，散乱角をやはり乱数を用いて決定します．[15.2],[15.3] イオンの衝突，荷電交換なども同様に乱数を用いて確率的に決定します．

## (5) 壁との相互作用，初期条件および計算終了の判定

電子が導体壁に吸収される場合は，もし外部に回路がつながれているとすると

そこに電流が流れたとして処理し，開放回路の場合は，電極に電荷が蓄えられたとして処理します．また，誘電体壁に吸収される場合は，そこの格子点に蓄えられたとします．また，電子が電極に衝突吸収されて2次電子を発生する場合は，例えばXPDP1プログラムでは，2次電子放出係数に相当する割合で，ランダムに2次電子を放出します．XPDP1プログラムでは電子が壁で反射する場合も取り扱うことができます．以上のことは，イオンに関しても同様です．

XPDP1プログラムでは外部回路及び外部磁界を含めたシミュレーションが行えるようになっていますが，ここでは説明を省略します．詳細は文献(15.1)，または付録A15.1で紹介するウェッブサイトの解説書を読んでください．

初期分布の与え方はいろいろありますが，XPDP1では粒子分布は一様に，また速度分布は，あるエネルギー以上をカットした，Maxwell分布となるように与えています．計算を開始して，定常状態になったところで計算終了としますが，定常状態の判断は，例えば，粒子数，運動エネルギー及び電子エネルギー分布が一定の値，分布形状に飽和したときが定常状態に達したと判断します．

## 15.3　XPDP1プログラムを用いたプラズマ現象の解析例[15.5]

次に，超粒子シミュレーションの一例として，XPDP1プログラムを一部変形し，共鳴吸収をシミュレーションした例について解説します．共鳴吸収は，かつてP偏光したレーザ光をカットオフ密度以上の高密度プラズマ（過密度プラズマ）に斜め入射した際，エネルギー吸収が良くなるために注目されたことがあります．これは，レーザ光が，屈折して反射されるときに，レーザ光の電界が反射点でプラズマの密度勾配と平行方向になり，カットオフ密度のところで，電子プラズマ波を共鳴的に励起し高効率なエネルギー吸収が起きるというものです．また，共鳴的に励起された電子プラズマ波の強電界により高エネルギー電子が生成されています．

共鳴吸収を引き起こす上で，本質的なことは，カットオフ密度近辺で，密度勾配と平行方向の振動電界が存在することです．こうした状況を作り出し，プロセス用のプラズマ源として用いている例の1つは，誘電体と過密度プラズマの境界面に表面波を励起する例です．励起された表面波の内，境界面に垂直方向の電界

成分をもつものが共鳴吸収を引き起こすと考えられます．

　もう一つの例は，導波管内を伝搬するTM波が進行方向の電界成分を持つことを利用したもので，基本的な装置構成は表面波プラズマ装置と同じです（第8章の図8.1）．TM波が導波管内を伝搬して，高密度プラズマのため誘電体とプラズマとの境界面で反射するとき，プラズマ内にエバネッセント波として電磁波がしみ込みます．このエバネッセント波の電界がカットオフ密度近辺で，共鳴吸収を引き起こします．どちらの例でも，プラズマ内の電磁波はエバネッセント波となり，その電界の密度勾配に平行方向の成分は近似的に $E_0 \exp(-Ax)\sin(\omega t)$ の形で表されます．そこで，XPDP1プログラムの静電界を計算する箇所に，このエバネッセント波の電界成分を加えてシミュレーションを行いました．その結果について紹介します．

　図15.4は誘電体との境界領域近辺の静電界の分布及び密度分布を示しています．第8章の図8.1における誘電体下面の位置がこの図の0に相当します．計算では，静電波の伝搬の様子がより鮮明に観測できるように，エバネッセント波の振幅 $E_0$ を小さな値に設定し，最大密度を低くして密度勾配をなだらかにしています．誘電体近辺に，強いシース電界が発生し，カットオフ密度近辺では波が発生していることがわかります．この波の分散関係は電子プラズマ波の分散関係を満たしていて，電子プラズマ波であることがわかります．共鳴領域における電子

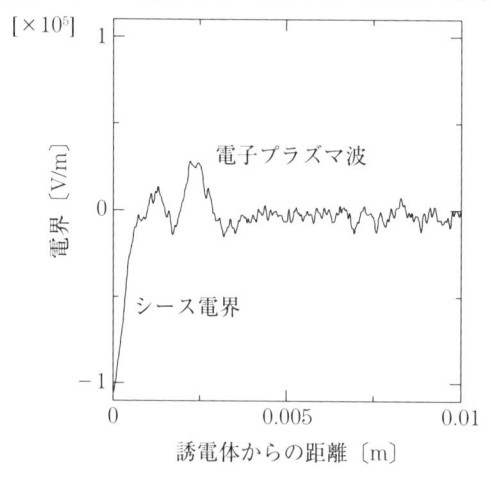

図15.4　マイクロ波により励起された電子プラズマ波

## 15.3 XPDP1プログラムを用いたプラズマ現象の解析例

プラズマ波の存在は,ステンゼル(Stenzel)等の実験において観測されています[15.6]。

この電子プラズマ波の高電界により高エネルギー電子が生成される様子を示したのが図15.5です。この図で小丸で表されているのが超粒子電子で,縦軸は超粒子電子の速度を表しています。速度が負の超粒子は誘電体に向かって進んでいることを表しています。大多数の超粒子電子はシースの電界により反射され,誘電体に衝突することなくプラズマ本体に戻ります。その間,電子プラズマ波の電界により,丁度タイミングが合った超粒子電子が加速されます。図の上半分に筋状に見える超粒子群が,加速された超粒子電子です。こうした高エネルギー電子は神藤氏等[15.7]により観測されています。

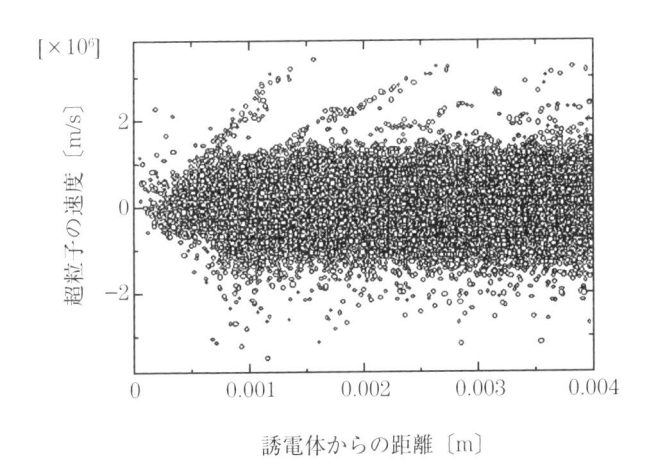

**図15.5** 超粒子電子の位相空間(X-V空間)での分布(小丸は超粒子電子)

超粒子シミュレーションは,計算時間がかかるため大きなプラズマを全てシミュレーションするには向きませんが,このように一部を取り上げてモデル化し,シミュレーションする場合には極めて強力な研究手段となりえます。

## 練習問題

**問 15.1** PIC-MCC シミュレーションについて簡単に説明しなさい．

**問 15.2** 超粒子を用いて計算したプラズマ振動の角周波数およびデバイ長が実際のプラズマ振動の角周波，デバイ長と等しいことを示しなさい．

# 練習問題解答

## 【第1章】

問 1.1　解答例

　　遠距離を飛行できるロケットエンジンとしてプラズマを用いたイオンエンジンがあります．通常のロケットエンジンは燃料と酸化剤を化学反応させ得られた高温ガスを噴射することにより推力を得ていますが，この場合，ロケットに積める重量の関係で積載できる燃料と酸化剤の量に制限があり，長距離を飛行することが困難です．一方，イオンエンジンではプラズマ生成しそれを噴射することにより推力を得ています．この場合，低出力だが長時間の運転が可能なためより遠い距離まで飛べます．

問 1.2　解答　(1)等電荷量　(2)不規則な熱運動　(3)デバイ長

## 【第2章】

問 2.1　略　解

　　陰極から $x$〔cm〕のところの電子の数を $N_e(x)$ とすると，これらの電子が $dx$〔cm〕進んだときに増加する電子数 $dN_e$ は次式で表されます．

$$dN_e = N_e(x)\alpha dx$$

　　従って，

$$\int_{N_0}^{N_e(L)} \frac{dN_e}{N_e} = \int_0^L \alpha dx$$ が成立します．これを解くと $\log \frac{N_e(L)}{N_0} = \alpha L$ となります．

　　従って，陽極に到達する電子の総数は $N_e(L) = N_0 e^{\alpha L}$ となります．

問 2.2　略　解

　　前問で解いたように，$\gamma$ 作用が無視できるとすると，最初に陰極面で発生した電子 $N_0$ 個の電子が陽極に達するまでに電子は $N_e(L) = N_0 e^{\alpha L}$ 個に増殖し，$N_i = N_0(e^{\alpha L} - 1)$ の正イオンが発生します．このイオンが陰極と衝突し

$\gamma N_0(e^{\alpha L}-1)$ 個の二次電子を発生します．この二次電子も陽極へ向かう際に増殖し，かつ正イオンを発生します．こうしたことが繰り返して起きると考えると，最終的に陽極に達する電子の総数は次のようになります．

$$\begin{aligned} N(L) &= N_0 e^{\alpha L} + \gamma N_0 (e^{\alpha L}-1)e^{\alpha L} + \gamma\left\{\gamma N_0(e^{\alpha L}-1)(e^{\alpha L}-1)\right\}e^{\alpha L}+\cdots \\ &= N_0 e^{\alpha L}\left\{1+\gamma(e^{\alpha L}-1)+\gamma^2(e^{\alpha L}-1)^2+\cdots\right\} \\ &= \frac{N_0 e^{\alpha L}}{1-\gamma(e^{\alpha L}-1)} \end{aligned}$$

問 2.3 　略解

火花電圧 $V_s$ のときの電界を $E$ とすると，$E = \dfrac{V_s}{L}$ となります．この値を衝突電離係数 $\alpha$ の式に代入すると $\alpha = Ane^{-\frac{BnL}{V_s}}$ となります．

火花放電の条件式 $1-\gamma(e^{\alpha L}-1) = 0$ に，この $\alpha$ の式を代入し整理すると

$$V_s = \frac{BnL}{\log\left\{A/\log(1/\gamma+1)\right\}+\log(nL)}$$

となりますが，右辺の分母の第一項はほぼ定数と見なせるので，それを $C$ とおくと，

$$V_s = \frac{BnL}{C+\log(nL)}$$

となります．

問 2.4 　略　解

粒子数密度 $n$ の値が小さいときは，電子は中性ガスと電離衝突がしにくくなり，また $L$ が短いときは電離衝突することなしに電子が陽極に到達する可能性が高くなります．そのため十分に電離を行い，放電を開始するためには印加電圧を高くする必要があります．すなわち，火花電圧は高くなります．一方，$n$ が大きいときは電離に必要なエネルギーを得る前に中性ガスと衝突してしまい十分に電離が行えません．また，$L$ が大きいときは，電界が小さくなりやはり電離に必要なエネルギーを十分に得られません．そこで，放電を開始す

練習問題解答    139

るためには印加電圧を高くする必要があります．従って，火花電圧が最小となる $nL$ 値がそれらの間に存在します．

次に，$V_{s\min}$ を求めます．

$nL$ を $x$ とすると式 (2.3) は次式となります．

$$V_s(x) = \frac{Bx}{C + \log x}$$

$V_s$ が最小になるときは

$$\frac{dV_s}{dx} = \frac{B(C + \log x) - B}{(C + \log x)^2} = 0$$

となるので，

$$B(C + \log x) - B = 0$$

この式より，$V_s$ が最小になるときは $\log x = 1 - C$，従って $x = e^{1-C}$ が成立します．

故に，$V_{s\min} = Be^{1-C}$ となります．

## 【第3章】

問 3.1　略　解

電気的にほぼ中正なプラズマ中に電荷 $q_0$ が存在する場合について考えます．この電荷の場所を原点とし，極座標を用いた場合のポアソンの方程式は次式となります．

$$\nabla^2 \phi(r) = \frac{e}{\varepsilon_0} \triangle n_e(r) - \frac{q_0}{\varepsilon_0} \Lambda(r)$$

ただし，$\triangle n_e(r)$ は電子密度の平均値からのずれで，$\triangle n_e(r) = n_e(r) - n_{e0}$，$\Lambda(r)$ は $r=0$ で 1，それ以外で 0 となる関数です．

電子はボルツマン分布をしていると仮定すると，

$$n_e(r) = n_{e0} \exp\left[\frac{e\phi(r)}{\kappa T_e}\right]$$

となりますので，

$$\triangle n_e(r) = n_e(r) - n_{e0} = n_{e0}\left\{\exp\left[\frac{e\phi(r)}{\kappa T_e}\right] - 1\right\}$$

となります．ここで，電子の熱エネルギー（$\kappa T_e$）に対して静電的なポテンシャルエネルギー $[e\phi(r)]$ が無視できる程小さければ，ポアソンの方程式は次式で近似できます．

$$\nabla^2 \phi(r) - \frac{e^2 n_{e0}}{\varepsilon_0 \kappa T_e} \phi(r) = -\frac{q_0}{\varepsilon_0} \Lambda(r)$$

この式は，$r=0$ 以外では

$$\nabla^2 \phi(r) - \frac{e^2 n_{e0}}{\varepsilon_0 \kappa T_e} \phi(r) = 0$$

で，その解は

$$\phi(r) = \frac{C}{r} \exp\left( \pm \frac{r}{\lambda_D} \right)$$

となります．ここで $C$ は定数で，$\lambda_D$ はデバイ長で $\lambda_D = \sqrt{\dfrac{\varepsilon_0 \kappa T_e}{e^2 n_e}}$ です．ただし，$n_e \approx n_{e0}$ とした．

$r$ が無限大では電位は $0$ に収束しますのでこの解の内，物理的に意味のある解は

$$\phi(r) = \frac{C}{r} \exp\left( -\frac{r}{\lambda_D} \right)$$

です．また，$r$ が $0$ のごく近傍では電位は真空中での電荷 $q_0$ による電位の値，

$$\phi(r) = \frac{q_0}{4\pi \varepsilon_0 r}$$

に近づかなければいけません．従って定数 $C$ の値は

$$C = \frac{q_0}{4\pi \varepsilon_0}$$

となります．

以上から，

$$\phi(r) = \frac{q_0}{4\pi \varepsilon_0 r} \exp\left( -\frac{r}{\lambda_D} \right)$$

となります．

問 3.2　略解　(a), (b)

練習問題解答　　　　　　　　　　　　　　　　　　　　　　　　　　　　141

$0 \leq x \leq s$

$$\nabla^2 \varphi_1 = -\frac{en_0}{\varepsilon_0}, \varphi_1 = -\frac{en_e}{2\varepsilon_0}x^2 + C_1 x + C_0$$

$$\varphi_1(0) = 0, E_1(0) = -(\mathrm{grad}\,\varphi_1)_{x=0} = -\frac{en_0 s}{\varepsilon_0},$$

$$\therefore \varphi_1(x) = -\frac{en_0}{2\varepsilon_0}x^2 + \frac{en_0 s}{\varepsilon_0}x,$$

$$E(x) = -\mathrm{grad}\,\varphi = -\frac{en_0}{\varepsilon_0}x + \frac{en_0 s}{\varepsilon_0}$$

$s \leq x \leq L-x$

$$\nabla^2 \varphi_2 = 0, \varphi_2 = C_2 x + C_3$$

$$\varphi_2(s) = \varphi_1(s) = \frac{en_0 s^2}{2\varepsilon_0}, E_2(s) = E_1(s) = 0,$$

$$\therefore \varphi_2(x) = \frac{en_0 s^2}{2\varepsilon_0}, E_2(x) = 0$$

$L-s \leq x \leq L$

$$\nabla^2 \varphi_3 = -\frac{en_0}{\varepsilon_0}, \varphi_3(x) = -\frac{en_0}{2\varepsilon_0}(L-x)^2 + C_4(L-x) + C_5,$$

$$\varphi_3(L) = 0, \varphi_3(L-s) = \varphi_2(L-s) = \frac{en_0 s^2}{2\varepsilon_0},$$

$$\therefore \varphi_3(x) = -\frac{en_0}{2\varepsilon_0}(L-x)^2 + \frac{en_0 s}{\varepsilon_0}(L-x), E_3(x) = -grad\,\varphi_3$$

$$= -\frac{en_0}{\varepsilon_0}(L-x) + \frac{en_0 s}{\varepsilon_0}$$

(c)　　$\phi_2 = \dfrac{en_0 s^2}{2\varepsilon_0} = \dfrac{18\kappa T_e}{e}, \therefore s = \sqrt{\dfrac{36\varepsilon_0 \kappa T_e}{e^2 n_0}} = 6\lambda_D$

図は省略

**問 3.3　略解**

　電子の質量はイオンよりかなり小さく，通常，電子温度はイオン温度より高い．そのため，電子は壁へイオンより早く移動し，境界領域（シース）ではイオン密度が電子密度より高くなります．

**問 3.4　解答**

|  | $\lambda_D$ [cm] | $\omega_{pe}$ [rad/s] |
|---|---|---|
| (a) | $7.4 \times 10^{-1}$ | $5.6 \times 10^{7}$ |
| (b) | $7.4 \times 10^{-3}$ | $1.8 \times 10^{10}$ |
| (c) | $7.4 \times 10^{-3}$ | $5.6 \times 10^{11}$ |

問 3.5　略解

電界および電子群の平均速度を次式で表します.

$$\vec{E}(t) = \mathrm{Re}\left[\vec{E}_0 e^{j\omega t}\right] = \vec{E}_0 \cos\omega t$$
$$\vec{V}_e = \mathrm{Re}\left[\vec{V}_{e0} e^{j\omega t}\right] = \vec{V}_{e0} \cos\omega t$$

交流電界下での電子の運動方程式は次式で表されます.

$$m_e \frac{d\vec{V}_e}{dt} = -\nu_c m_e \vec{V}_e - e\vec{E}$$
$$j\omega m_e \vec{V}_{e0} = -\nu_c m_e \vec{V}_{e0} - e\vec{E}_0$$

この式から電子群の平均速度を求め，それを用いて電流密度ベクトルを求めると

$$\vec{J} = j\omega\varepsilon_0 \vec{E} - n_e e \vec{V}_e = \left(j\omega\varepsilon_0 + \frac{e^2 n_e}{m_e}\frac{1}{j\omega + \nu_c}\right)\vec{E} = (j\omega\varepsilon_0 + \sigma)\vec{E}$$

$$\vec{J} = j\omega\varepsilon_0 \left[1 + \frac{e^2 n_e}{j\omega\varepsilon_0 m_e}\frac{1}{j\omega + \nu_c}\right]\vec{E} = j\omega\varepsilon_0 \left[1 - \frac{\omega_{pe}^2}{\omega(\omega - j\nu_c)}\right]\vec{E}$$

となります．従ってプラズマの複素導電率は

$$\sigma = \frac{e^2 n_e}{m_e}\frac{1}{j\omega + \nu_c}$$

となり，また複素誘電率は次式

$$\vec{J} = j\omega\varepsilon\vec{E}$$

との比較から

$$\varepsilon = \varepsilon_0 \left[1 - \frac{\omega_{pe}^2}{\omega(\omega - j\nu_c)}\right]$$

となります.

練習問題解答　　　　　　　　　　　　　　　　　　　　　　　　143

問 3.6　略解

$$N = \frac{c}{V_{ph}} = \sqrt{\varepsilon_r} = \sqrt{1 - \frac{\omega_{pe}^2}{\omega^2}}$$

ただし，$\omega \gg \nu_c$ と仮定し $\omega(\omega - \nu_c) \approx \omega^2$ としました．

## 【第4章】

問 4.1　略　解

電子の連続の式，

$$\frac{\partial n_e}{\partial t} + \mathrm{div}\, n_e \vec{V_e} = 0$$

に $n_e = n_{e0} + n_{e1}$ を代入し，$n_{e0}$（$=n_0$）は時間的にも空間的にも一定として整理すると，

$$\frac{\partial n_{e1}}{\partial t} + n_0 \,\mathrm{div}\, \vec{V_e} = 0$$

となります．

$$\frac{\partial}{\partial t} \to -j\omega, \quad \mathrm{div} \to j\vec{k}$$

より式 (4.4) $j\omega n_{e1} + jn_0 \vec{k} \cdot \vec{V_{e1}} = 0$ が成立します．
同様に式 (4.5) が成立します．

問 4.2　略　解
イオンは動かない，静磁界は $\vec{0}$，波は縦波（$\vec{V_{i1}} = \vec{0}, \vec{B_0} = \vec{0}, \vec{k} // \vec{E_1}$）と仮定すると式 (4.1)，(4.2) は各々次式となります．

$$\vec{0} = \frac{\omega^2}{c^2}\vec{E_1} + j\omega\mu_0 n_0 e(-\vec{V_{e1}}) \tag{4.1}'$$

$$-j\omega m_e n_0 \vec{V_{e1}} = -en_0 \vec{E_1} - j\vec{k}\gamma_e \kappa T_{e0} n_{e1} \tag{4.2}'$$

今，微少電界の方向を x 方向とすると，電子の微少変動速度の方向および波数ベクトルも x 方向となるので

$$\vec{E_1} = (E_1, 0, 0),$$
$$\vec{V_{e1}} = (V_{e1}, 0, 0),$$
$$\vec{k} = (k, 0, 0)$$

と表せます．

その結果，式 (4.1)' より $E_1 = j\dfrac{c^2}{\omega}\mu_0 n_0 e V_{e1}$ が，式 (4.4) より $V_{e1} = \dfrac{\omega}{n_0 k} n_{e1}$ が求まります．

この両式を式 (4.2)' 代入し整理すると

$$-j\omega m_e n_0 \frac{\omega}{n_0 k} n_{e1} + e n_0 \frac{je}{\varepsilon_0 k} n_{e1} + jk\gamma_e \kappa T_{e0} n_{e1} = 0$$

$$\left[\omega^2 - \left(\frac{n_{e0} e^2}{\varepsilon_0 m_e} + \gamma_e \frac{\kappa T_{e0}}{m_e} k^2\right)\right] n_{e1} = 0$$

となります．ここで，$n_{e1} \neq 0$ なので

$$\omega^2 - \left(\frac{n_{e0} e^2}{\varepsilon_0 m_e} + \gamma_e \frac{\kappa T_{e0}}{m_e} k^2\right) = 0$$

が成立します．

問 4.3　解答略　　問 4.2 と同様の方法で計算してみてください．

問 4.4　略解

$$\omega^2 - \left(\frac{n_{e0} e^2}{\varepsilon_0 m_e} + \gamma_e \frac{\kappa T_{e0}}{m_e} k^2\right) = 0 \text{ で電子温度 0 とすると } \omega^2 - \left(\frac{n_{e0} e^2}{\varepsilon_0 m_e}\right) = 0, \text{ 言い換}$$

えると $\omega^2 - \omega_{pe}^2 = 0$ となります．このことは，電子プラズマ波の角振動数は電子プラズマ振動の角周波数と等しくなり，電子プラズマ波が電子プラズマ振動となることを示しています．

# 【第5章】

問 5.1　略　解

練習問題解答　　　　　　　　　　　　　　　　　　　　　　　　　　　145

電子の移動度がイオンの移動度より十分大きいので

$$D_a = \frac{\mu_e D_i + \mu_i D_e}{\mu_e + \mu_i} = D_i + \frac{\mu_i}{\mu_e} D_e = D_i \left(1 + \frac{\mu_i}{D_i} \frac{D_e}{\mu_e}\right)$$

が成り立ちます.

アインシュタインの関係式

$$\frac{D_e}{\mu_e} = \frac{\kappa T_e}{e}, \quad \frac{D_i}{\mu_i} = \frac{\kappa T_i}{e}$$

を上式に代入すると

$$D_a = D_i \left(1 + \frac{T_e}{T_i}\right)$$

となります.


問 5.2　略　解

$$\frac{\partial n}{\partial t} = D \nabla^2 n$$

解を $n(x,t) = X(x)T(t)$ と仮定して上式に代入し整理すると

$$\frac{dT}{dt} = -\frac{T}{\tau}$$
$$\frac{d^2 X}{dx^2} = -\frac{X}{D\tau}$$

となります.

これらの微分方程式の解は次式となります.

$$T(t) = T_0 e^{-\frac{t}{\tau}}$$
$$X(x) = A \cos\frac{x}{\Lambda} + B \sin\frac{x}{\Lambda}$$

ここで $\Lambda$ は $\Lambda = \sqrt{D\tau}$ です.

従って求める拡散方程式の解は境界条件を入れて整理すると

$$n_e(x,t) = n_0 e^{-\frac{t}{\tau}} \cos\frac{\pi x}{L}$$

となります.

## 【第6章】

**問 6.1　略　解**

式（6.3）より実効的寸法は $d_{eff} = \dfrac{1}{2}\dfrac{RL}{h(R+L)} = 0.17$ なので $n_g d_{eff} = 0.56 \times 10^{19}$ となります．従って，図 6.3 より電子温度は約 4〔eV〕と推定されます．

**問 6.2　略　解**

前問より電子温度は 4〔eV〕なので，図 6.4 より $\varepsilon_c \approx 32$〔eV〕，また $\varepsilon_i \approx 5.2 T_e \approx 21$〔eV〕なので $\varepsilon_T = \varepsilon_c + \varepsilon_i + 2T_e = 62$〔eV〕となります．ボーム速度は $\dfrac{1}{2} m_i u_B^2 = \dfrac{eT_e}{2}$ から $3.1 \times 10^3$〔m/s〕，実効的表面積は $A_{eff} = 2\pi R(R+L)h = 0.13$〔m$^2$〕となります．従って，

$$n_0 = \dfrac{P_{abs}}{u_B A_{eff} \varepsilon_T} \approx 2.0 \times 10^{17}\, m^{-3}\,〔\text{m}^3〕$$

となります．

**問 6.3　略　解**

CCP では，高密度にしようとして，高周波電源の電圧を上げると，$\varepsilon_T$ の値（実際には $\varepsilon_i$ の値）も大きくなりエネルギー損失が増大します．従って，CCP で高密度プラズマを生成・維持することは困難です．

## 【第7章】

**問 7.1　略　解**

電界はほぼ $\phi$ 成分なので，式（7.1）の両辺の $\phi$ 成分を比較する．

$$(\nabla^2 \vec{E})_\phi = \nabla^2 E_\phi = \dfrac{2j}{\delta^2} E_\phi = j\mu\sigma\omega E_\phi$$

$$\left(\mu\sigma\dfrac{\partial \vec{E}}{\partial t}\right)_\phi = j\mu\sigma\omega E_\phi$$

式（7.1）の両辺が等しいので式（7.2）は式（7.1）の解となっていることがわ

練習問題解答

かります.

なお，計算途中で $\delta = \sqrt{\dfrac{2}{\omega\sigma\mu}}$ を用いています.

## 問 7.2　略　解

マクスウェルの方程式より次式が成立します.

$$\mathrm{rot}\,\vec{E} = -\dfrac{\partial \vec{B}}{\partial t}$$

この式の $r$ 成分は

$$-\dfrac{\partial E_\phi}{\partial z} = -\dfrac{\partial B_r}{\partial t}$$

となります．この式に次の式 (7.2) を代入して計算すると

$$E_\phi = E_0 \exp\left(\dfrac{z}{\delta}\right) \exp\left[j\left(\omega t + \dfrac{z}{\delta}\right)\right]$$

$$B_r = (1-j)\dfrac{E_0}{\delta\omega}\exp\left(\dfrac{z}{\delta}\right)\exp\left[j\left(\omega t + \dfrac{z}{\delta}\right)\right] = B_0 \exp\left(\dfrac{z}{\delta}\right)\exp\left[j\left(\omega t + \dfrac{z}{\delta}\right)\right]$$

が求まります.

## 【第８章】

### 問 8.1　解答例

電磁波の進行方向の電界成分がプラズマ密度勾配と平行となる場合，この電界がカットオフ密度近辺に達すると電子のみを移動させますので，密度に勾配があると電子とイオンの間で荷電分離が生じます．この荷電分離で生じた電界の振動数は電子プラズマ波の振動数とほぼ同じですので共鳴的に電子プラズマ波が励起され，電磁波から電子プラズマ波へのエネルギー輸送が高効率でおきます．この現象を共鳴吸収と呼んでいます．

### 問 8.2　解答例

右回り円偏波のマイクロ波を磁力線に沿って伝搬させると電子のサイクロトロン周波数と電磁波の周波数が一致する所で，電磁波が電子を常に加速するこ

とになり，共鳴的に電磁波のエネルギーが吸収されます．左回り円偏波では電子の加速と減速が繰り返され平均では加速されません．

## 【第9章】

問 9.1　略　解

放電維持のためには高いガス圧が望ましいのですが，ガス圧が高いとスパッタされて飛び出してきた原子が衝突により散乱され基板以外に堆積したり，堆積膜の基板への付着力が低下したりするから高いガス圧では運転できません．そのため，約 4〔Pa〕近辺のガス圧力でしか運転ができません．

問 9.2　略　解

$$\mu_m = （電流値）\times（面積）$$
$$= \left(\frac{\omega_c}{2\pi}q\right)\cdot\left(\pi r_c^2\right)$$
$$= \frac{1}{2}qV_\perp r_c$$
$$= \left(\frac{1}{2}mV_\perp^2\right)\div B$$

ただし，$\omega_c$ は荷電粒子の回転の角周波数，$r_c = \dfrac{mV_\perp}{qB}$ は荷電粒子の回転半径，$V_\perp = r_c\omega_c$ は磁束密度に垂直方向の荷電粒子の速さです．

問 9.3　解答例

磁束密度の大きさはミラー磁界中心部での値 $B_0$ から（軸に沿って）離れるに従い大きくなり，コイル中心部で最大値 $B_m$ となります．一方，荷電粒子の磁気モーメントは一定です．そのため，コイル中心部では磁束密度に垂直方向の運動エネルギーはミラー磁界中心部での値より大きくなければなりません．運動エネルギーは一定ですので，このことはミラー磁界中心部から離れるに従って荷電粒子の磁界に平行方向の運動エネルギーは小さくなり，ついには 0 となりうることを示しています．磁界に平行方向の運動エネルギーが 0 となった荷電粒子はローレンツ力によりミラー磁界中心部の方向に戻されます．この

ようにしてミラー磁界は荷電粒子を閉じ込めることが可能となります．

**問 9.4　解答例**

荷電粒子の運動方程式は次式となります．

$$m\frac{d\vec{V}}{dt} = q(\vec{E} + \vec{V} \times \vec{B})$$

ここで，$\vec{V} = (V_x, V_y, V_z)$ とすると

$$\frac{dV_x}{dt} = \frac{q}{m}E_x + \frac{q}{m}V_y B_z \tag{1}$$

$$\frac{dV_y}{dt} = -\frac{q}{m}B_z V_x \tag{2}$$

となります．

式(1)を時間で微分し，式(2)を用いると

$$\frac{d^2V_x}{dt^2} = \frac{qB_z}{m}\frac{dV_y}{dt} = -\left(\frac{qB_z}{m}\right)^2 V_x$$

となります．従って，

$$V_x = V_0 \cos(\omega_c t + \theta_0) \tag{3}$$

となります．ただし，$\omega_c = \dfrac{rB_z}{m}$ です．

式(1)，(3) より次式が求まります．

$$V_y = -\frac{|q|}{q}V_0 \sin(\omega_c t + \theta_0) - \frac{E_x}{B_z} \tag{4}$$

式(4) より荷電粒子が，速さ $\dfrac{E_x}{B_z}$ で $-y$ 方向に移動していることがわかります．

# 【第10章】

**問 10.1　解　答**

電子温度は約 3 [eV]，密度は $1 \sim 2 \times 10^{11}$ [cm$^{-3}$]，プラズマ電位は約 14 [V]

です.

問 10.2　解　答

式 (10.10) より

$$\bar{n}_e = \frac{\Delta s}{-4.485 \times 10^{-14} L \lambda}$$

となります.

ここに, $\Delta s = -2.5$, $L=0.46$, $\lambda = 3.47 \times 10^{-7}$ を代入すると, 平均電子密度は約 $3.5 \times 10^{-18}$ 〔cm$^{-3}$〕 となります.

# 【第 11 章】

問 11.1　解答例

　フォトリソグラフィとは, ウエハー (基板) 表面に堆積した膜などに写真と同様の原理を用いてパターニングする行程です. まず, 基板の上にプラズマプロセスで薄膜を形成します. 次にフォトレジストを薄膜状に塗布します. フォトレジストは写真のフィルムと同じように光が照射されると感光します. その後, マスクの上から光を照射し, フォトレジストの一部, 光の当たった箇所を感光させ, 感光した箇所を現像液により取り除きます. 逆に, 感光しなかった箇所を取り除くこともあります. そして, フォトレジストで保護されていない薄膜部分を除去し, 最後にフォトレジストをアッシングします. この一連の工程をフォトリソグラフィといいます.

問 11.2　解答例

　容量結合形プラズマ源では電源と陰極 (K) の間にコンデンサが挿入されることがあります. この場合, 初期において電子がイオンより多量にコンデンサに流れ込み負のバイアス電圧が発生します. その結果, イオンはこの電界により加速され, 定常状態ではイオン束と電子束のこのコンデンサへの流入が釣り合った状態となります. そのため, 交流電圧を陰極に印加しているにもかかわらず, 陰極には負の直流電圧が自然に発生します. これを自己バイアスといいます.

練習問題解答

問 11.3　解答例
　ガス圧が低い場合は，シースで加速された（アルゴン）イオンが他粒子と衝突することなく直線的に溝の底に衝突し，ラジカルによる多結晶シリコン膜の，溝の底におけるエッチングを加速させます．一方，側面には（アルゴン）イオンは衝突しませんので側面のエッチングは遅く，この場合は非等方性エッチングとなります．保護膜がエッチングの過程で生成され，側面，底面をエッチングから保護することがありますが，この場合もアルゴンイオンが底面の保護膜のみを取り除き，エッチングを促進するので非等方的エッチングとなります．

## 【第12章】

問 12.1　解答略　各自で計算してください．

問 12.2　解答例
　火花放電開始電圧は電極間距離とガス圧の積によって決まります．従って $X$ 〔kPa〕のとき火花放電開始電圧が最小になったとすると，
　　　$43 \times 70 = 30 \times X$
が成立するので，火花放電開始電圧は $X=100$〔kPa〕となります．

問 12.3　解答例
　原子 A の励起エネルギーが原子 B の電離エネルギーより高い場合，電子との衝突により励起状態になった原子 A が原子 B と衝突し，原子 B を電離させることがあります．このことをペニング効果といいます．

## 【第13章】

問 13.1　略解
　　1 リッター中の重水素原子（D）の数
　　　　$0.32 \div (19 \times 1.67 \times 10^{-24}) \approx 1.0 \times 10^{22}$
　　重水素—重水素の 1 回の核融合反応で発生するエネルギーは平均で
　　　　$(4.04+3.27) \div 2 \times 10^6$〔eV〕
　　$1.0 \times 10^{22}$ 個の重水素原子が全て核融合反応したときの発生エネルギー

$W = (1.0 \times 10^{22} \div 2) \times (2 \times 10^6)$〔eV〕$\approx 1.8 \times 10^{22}$〔MeV〕

$W$ のカロリーへの単位換算

$W \approx 1.8 \times 10^{22}$〔MeV〕$\times 1.6 \times 10^{-13}$〔J/MeV〕$\div 4.18$〔J/cal〕$\approx 7 \times 10^8$〔cal〕

灯油1〔kg〕から発生するエネルギー　　$1.1 \times 10^7$〔cal/kg〕

灯油の比重を 0.8 とすると $7 \times 10^8$〔cal〕は灯油 80 リッターに相当します．

$(7 \times 10^8) \div (1.1 \times 10^7) \approx 80$

問 13.2　略解

ローソン条件が成立するので $P_{out}=0$, より $P_H = \eta P_T$, また $P_L = P_H$ より $\eta P_T = P_L$ となります．

ここで $P_{th} = \left(\dfrac{n^2}{4}\right)\langle \sigma v \rangle \varepsilon$, $P_L = \alpha n^2 T^{\frac{1}{2}} + \dfrac{3nT}{\tau_E}$ なので

$$P_T = P_{th} + P_L = n^2 \left( \langle \sigma v \rangle \dfrac{\varepsilon}{4} + \alpha T^{\frac{1}{2}} \right) + \dfrac{3nT}{\tau_E}$$

$\eta P_T = P_L$ にこれらを代入して整理すると

$$n\tau_E = \dfrac{3T}{\left[\dfrac{\eta \langle \sigma v \rangle \varepsilon}{4(1-\eta) - \alpha T^{\frac{1}{2}}}\right]}$$

となります．

問 13.3　解答例

単純トーラス磁界（ドーナツ状の磁界）では磁界の曲率による遠心力，および磁界の空間的不均一のため，電子とイオンは上下逆方向にドリフト運動します．その結果，磁界に垂直方向の電界が発生します．この電界と磁界による E × B ドリフトにより，プラズマは外部へ流失しますので閉じ込めることができません．

問 13.4　略　解

練習問題解答

$$\vec{j} \times \vec{B} = \left(\frac{1}{\mu_0} \nabla \times \vec{B}\right) \times \vec{B} = -\frac{\nabla(\vec{B} \cdot \vec{B})}{2\mu_0} + \frac{1}{\mu_0}\left(\vec{B} \cdot \nabla\right)\vec{B} = -\frac{\nabla|\vec{B}|^2}{2\mu_0}$$

一方,$\vec{j} \times \vec{B} - \nabla P = 0$（平衡状態なので）

故に,$\nabla\left(\frac{|\vec{B}|^2}{2\mu_0} + P\right) = 0$

従って,$\frac{|\vec{B}|^2}{2\mu_0} + P = $ 一定 となります.

## 【第 14 章】

問 14.1　略解

$$\vec{B} = \left(0, B_\phi, 0\right)$$
$$B_\phi(r) = \frac{\mu_0 r I}{2\pi R^2}$$
$$\vec{j} = \left(0, 0, \frac{I}{\pi R^2}\right)$$

対称性から圧力 $P$ は $r$ のみの関数.よって $P = P(r)$ となり,

$$\nabla P = \left(\frac{\partial P}{\partial r}, 0, 0\right)$$

また,$\nabla P = \vec{j} \times \vec{B}$ より

$$\frac{\partial P}{\partial r} = -\frac{\mu_0 r I^2}{2\pi^2 R^4}$$

境界条件より $P(R) = 0$ なので,

$$P(r) = \frac{\mu_0 I^2}{4\pi^2 R^2}\left(1 - \frac{r^2}{R^2}\right)$$

となります.

問 14.2　解答例

2 枚の接地した平板の中に,細い放電線を何本も張り,これに負の直流高電

圧を印加し，コロナ放電を発生させます．燃焼排ガスをこの中に通過させると，微粒子に荷電粒子が付着し，微粒子が帯電します．この帯電した微粒子を電界により平板電極に引き寄せ捕集します．

# 【第 15 章】

問 15.1　解答例

多数の粒子を 1 個の超粒子とし，プラズマを計算可能な数の電子超粒子とイオン超粒子の集合として取り扱う粒子シミュレーションで，まず，粒子の位置と速度を決め，その粒子近辺の格子点へ，その粒子が持つ電荷・電流を分配します．次に格子点での電磁界を計算し，これらの値から超粒子の位置での電磁界を求め，粒子に加わる力を求めます．この力から次の時刻での加速度を，加速度から速度を，速度から位置を計算します．このように格子点で，電磁界を計算する手法は，粒子間の相互作用を直接計算する手法より計算速度が早く，またメモリーも少なくてすみます．この方法を PIC 法と呼びます．さらに，荷電粒子と中性の原子，分子との衝突の影響をシミュレーションするために，PIC 法にモンテカルロ衝突モデルを付け加えることがあります．この場合のシミュレーションを，PIC-MCC シミュレーションと呼びます．

問 15.2　解　答

M 個の粒子を集めて 1 個の超粒子を作ったとします．

このとき超粒子の電荷 $q^s$，質量 $m^s$ は元の粒子の電荷および質量の $M$ 倍となります．また密度，温度（エネルギー）の関係は

$$n^s = \frac{n}{M}, T^s = MT$$

となります．従って

$$\omega_{pe}^s = \sqrt{\frac{n^s(q^s)^2}{\varepsilon_0 m^s}} = \sqrt{\frac{nq^2}{\varepsilon_0 m}} = \omega_{pe}$$

$$\lambda_D^s = \sqrt{\frac{\varepsilon_0 T^s}{n^s(q^s)^2}} = \sqrt{\frac{\varepsilon_0 T}{nq^2}} = \lambda_D$$

が成立します．

# 付　録

## A3.1　分布関数

　プラズマを取り扱うとき個々の荷電粒子の運動を計算することは，その数の多さから不可能です．そこで，分布関数 $f$ を導入します．分布関数 $f$ は原点から $\vec{r}$ 離れた地点に各辺が $dx, dy, dz$ の直方体を考え，その中に存在する粒子の内，速度が $V_x \approx V_x + dV_x$, $V_y \approx V_y + dV_y$, $V_z \approx V_z + dV_z$ の粒子の数が

$$f(\vec{r}, \vec{V}, t) dxdydz dV_x dV_y dV_z$$

と表される関数 $f$ のことです．ただし，$\vec{V} = (V_x, V_y, V_z)$ です．この分布関数 $f$ は以下のボルツマン方程式に従って時間変化します．

$$\frac{\partial f}{\partial t} + \sum_{j=1}^{3} V_j \frac{\partial f}{\partial x_j} + \sum_{j=1}^{3} \frac{F_j}{m} \frac{\partial f}{\partial V_j} = \left(\frac{\delta f}{\delta t}\right)_{col.}$$

　ただし，$F_j$ は $j$ 方向の力で，$q$ を荷電粒子の電荷量，$j$ 方向の電界を $E_j$，$(\vec{V} \times \vec{B})$ の $j$ 方向成分を $(\vec{V} \times \vec{B})_j$ とすると，$F_j = q\left[E_j + (\vec{V} \times \vec{B})_j\right]$ となります．

## 付録 A3.2　ブラゾフ方程式[A3.1]

　衝突の効果が小さく，無視できる場合は付録 A3.1 で紹介したボルツマン方程式の衝突項（右辺の項）を 0 とした方程式

$$\frac{\partial f}{\partial t} + \sum_{j=1}^{3} V_j \frac{\partial f}{\partial x_j} + \sum_{j=1}^{3} \frac{F_j}{m} \frac{\partial f}{\partial V_j} = 0$$

が用いられます．これをブラゾフ方程式と呼びます．

　例えば，無衝突での波の減衰を引き起こすランダウ減衰を理論的に取り扱うときにはこの方程式を用います．

## A4.1　磁束密度が $\vec{0}$ でないときのプラズマ中の電磁波の例

　電磁波が磁束密度に沿って伝搬し，$\vec{E}_1, \vec{B}_1, \vec{\kappa}$ が互いに垂直でプラズマ粒子の熱運動は無視できる程小さい場合について考えます．この場合の分散関係は次式で表されます．

$$\frac{c^2\kappa^2}{\omega^2} = 1 - \frac{\omega_{pe}^2}{\omega(\omega \mp \omega_{ce})} - \frac{\omega_{pi}^2}{\omega(\omega \pm \omega_{ci})}$$

複号は上がR波を,下がL波を表します(図A4.1).また,$\omega_{ce}\left(=\dfrac{eB}{m_e}\right)$は電子サイクロトロン角周波数を,$\omega_{ci}\left(=\dfrac{zeB}{M_i}\right)$はイオンサイクロトロン角周波数を表します.

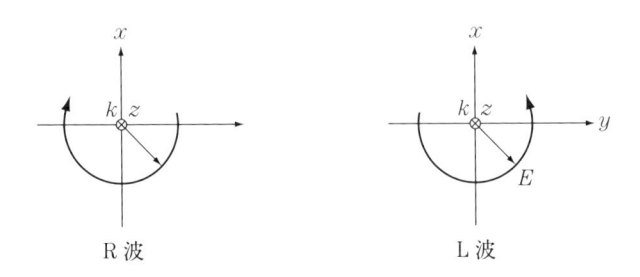

図A4.1 R波とL波

高密度プラズマを容易に生成・維持ができるためプラズマプロセスで使われることのあるヘリコン波はホイッスラー波の一種です.またホイッスラーは角周波数 $\omega$ が下記の不等式を満たすR波です.

$$\omega_{ci} \ll \omega \ll \omega_{ce}$$

その分散関係は

$$\frac{\kappa \kappa_z}{\kappa_0} = \frac{\omega_{pe}^2}{\omega \omega_{ce}}$$

となります.ヘリコン波の分散関係も同じです.ヘリコン波はある領域に閉じ込められたホイッスラー波と考えられます.

## A6.1 プラズマ内での主なエネルギー吸収機構

(1) オーム加熱:電界中で電子が他種の粒子と衝突することにより起きる抵抗が原因の加熱でプラズマの抵抗を $R$,プラズマ中を流れる電流を $I$ とすると1秒間にプラズマに入るエネルギーは $I^2R$ となります.

(2) ストキャスティク加熱：電子と振動するシース領域における電界との"衝突"による加熱です．

(3) 共鳴加熱：電磁波と電子プラズマ波や電子との相互作用が共鳴的に生じエネルギーの吸収が生じる加熱です．

　　例　表面波プラズマにおける加熱，電子サイクロトロン共鳴（ECR）

(4) 2次電子加熱：電極から2次電子放出により飛び出した電子がシース内の電界により，エネルギーを得て起きる加熱です．

## A6.2　ボーム速度

プラズマ本体はほぼ電界がゼロです．では何故ボーム速度が（イオンがシースに入るときの速度）発生するのでしょうか．実は，プラズマ内にも弱い壁に向かう方向の電界が存在します．イオンはこの電界により加速されボーム速度を得ます．この弱い電界は，電子が先に壁へ拡散したことにより発生します．そのため，ボーム速度は電子の温度に依存します．この弱い電界が存在する領域はプリシースと呼ばれ，安定にシースが存在するために必要です．

## A15.1　XPDP1の入手法，インストール法

XPDP1の入手法，インストール法について紹介します（以下は平成14年9月現在のもので，一部にバージョンアップが行われています）．

XPDP1はカリフォニア大学バークレー校の以下のホームページよりダウンロードできます．

　　　http://langmuir.eecs.berkeley.edu/pub/codes/xpdp1/xpdp1_4.0.tar.gz

またグラフ表示用のソフト，XGRAFIX2.4は

　　　http://langmuir.eecs.berkeley.edu/pub/codes/xgrafix/old/xgrafix240.tar.gz

からダウンロードできます．

XGRAFIXを動かすスクリプト言語は以下のホームページより得ることができます．

　　　http://tcl.activestate.com/ftp/tcl7_4/tcl7.4.tar.gz

　　　http://tcl.activestate.com/ftp/tcl7_4/tk4.0.tar.gz

http://koala.ilog.fr/pub/xpm/xpm-3.4k.tar.gz

まず，これらのプログラムをダウンロードし，ホームディレクトリで解凍します．

（解凍命令の例：tar zxvf xpdp1_4.0.tar.gz）

解凍が終わったら，ディレクトリ xpm-3.4k/lib に移り

 xmkmf -a

と命令します．

 su（この後，スーパーユーザーのパスワードを聞いてくるのでそれに答えます）

 make install

 exit

と命令します．これで，xmp-3.4k のインストールが完了します．

次に，ディレクトリ tcl7.4 に移り

 ./configure

 make

もし，duplicate value case エラーがでたら以下のことを行います．

 chmod 755 tclUnixStr.c

とした後，tclUnixStr.c をエディタで開き，122 行目 #ifdef の前に /* を書き加え，124 行目 #endif の後に */ を書き加えます．その後，上の 2 行の命令を再度行います．そして以下の命令を行ってください．

 su

 make install

 exit

これで，tcl7.4 のインストールが完了します．

tk4.0 のインストールはディレクトリ tk4.0 に移り，

 ./configure

 make

 su

 make install

 exit

付　録　　　　　　　　　　　　　　　　　　　　　　　　　　　　　　　　159

と命令すると完了します.

　XGRAFIX2.4 のインストールはディレクトリ xgrafix2.4 に移り,
　　　xmkmf
　　　make all
　　　su
　　　make install
　　　exit
と命令すると完了します.

　最後に, ソースプログラム xpdp1_4.0 をインストールします.

　ディレクトリ xpdp1_4.0/src に移り, そこにある makefile を自分のコンピュータ用に書き換え（この時に, OS によっては tcl7.4/ にある tclLink.c を xpdp1_4.0/src/ のところに前もってコピーしておく必要があります），
　　　make
と命令すれば, インストールが完了します.

　起動は, ディレクトリ inp に移りインプットファイル（maxwella.inp）を書き直し（インプトファイルを maxwella.inp として, xpdp1.lin を動かすことを想定），
　　　../bin/xpdp1.lin -i maxwella.inp
と入力すればよいです. pdp2 等のソフトの取り扱いも概ね同じです. また, インストールの仕方およびマニュアルは解凍したファイル内, または http://langmuir.eecs.berkeley.edu/ から入手できますので参考にしてください.

　なお, 表面波プラズマに使用するときは, xpdp1_4.0/src にある field.c を, 表面波電界を含むように変更し, 再度メイクファイルを行ってください.

　参考として, 我々が用いた makefile の例を以下に示します.

```
##########################################################
##         PDP1 Makefile
##
XGPATH = $(HOME)/xgrafix2.40/src
pdppath = PDP1PATH=¥"$(HOME)/xpdp1_4.0/src¥"
##
FILE_EXT =   lin
```

```
CC = gcc
CFLAGS= -O2 -I$(XGPATH) -D$(pdppath) -I$(HOME)/tk4.0 -I$(HOME)/tcl7.4
LIBS  = -L$(XGPATH) -L$(HOME)/tk4.0 -L/usr/X11R6/lib -L$(HOME)/tcl7.4
-lXGC240 -ltcl -ltk -lXpm -lX11 -lm
##
##
EXEC = ../bin/xpdp1.$(FILE_EXT)
##
##
PDP1OBJ= fft.o field.o move.o gather.o pdp1.o start.o load.o prest.o ¥
         padjus.o initwin.o maxwellv.o  mccdiaginit.o xsect.o ¥
         argonmcc.o heliummcc.o neonmcc.o oxygenmcc.o tclLink.o
all:    $(PDP1OBJ) $(EXEC)
.c.o:   pdp1.h xsect.h
        $(CC) -c $(CFLAGS) $*.c
$(EXEC) :    $(PDP1OBJ)
             $(CC) -o $(EXEC) $(PDP1OBJ) $(LIBS)
clean:
        @rm -f  *.o *  ~
#
####################################################
```

## 付録参考文献

（A3.1） 小笠原正志, 他共訳, D. R. Nicholson 著:「プラズマ物理の基礎」, 丸善, 1986, p78-139.

# 参考文献

## <第1章>
(1.1) 関口忠著:「プラズマ工学」電気学会,1997,p1.

## <第2章>
(2.1) 電気学会放電ハンドブック出版委員会編:「放電ハンドブック」,電気学会,1991,p106-107.
(2.2) 菅井秀郎編著:「プラズマエレクトロニクス」,オーム社,2005,p73-80.
(2.3) M. A. LIBERMAN and A. J. LICHTENBERG: "PRINCIPLES OF PLASMA DISCHARGES AND MATERIALS PROCESSING", John Wiley & Sons, Inc., 1994, p413-442.

## <第3章>
(3.1) J. Wesson: 'Tokamaks': Oxford Science Publications, 1987, p46-47.
(A3.1) 小笠原正志,他共訳,D. R. Nicholson 著:「プラズマ物理の基礎」,丸善,1986,p78-139.

## <第4章>
(4.1) 関口 忠:「プラズマ工学」,電気学会,1997,p107-136.
(4.2) T. H. Stix: 'WAVES IN PLASMA', AIP,1992.

## <第5章>
(5.1) 堺 孝夫著:「放電現象演習」,朝倉書店,1985,p50-51.
(5.2) 藤田宏一著:「続電磁気学ノート」,コロナ社,1995,p39-43.

## <第6章>
(6.1) M. A. LIEBERMAN and A. J. LICHTENBERG;"PRINCIPLES OF

PLASMA DISCHARGES AND MATERIALS PROCESSING", John Wiley & Sons, Inc,1994, p81, p304-309, p327-384.

<第7章>

(7.1) M. A. LIEBERMAN and A. J. LICHTENBERG；"PRINCILES OFPLASMA DISCHARGES AND MATERIALS PROCESSING", John Wiley & Sons, Inc., 1994, p306, p390-399.

(7.2) W. H. G. HITCHON; "PLASMA PROCESSES FOR SEMICONDUCTOR FABRICATION", CAMBRIDGE UNIVERSITY PRESS,1999, p33-40.

<第8章>

(8.1) T. Ohmaru, F. Komiyama and S. Kogoshi; Jpn. J. Appl. Phys. 43 (2004) 2690.

(8.2) 橋本修，安部琢美著：「FDTD 時間領域差分法入門」，森北出版，1996.

(8.3) S. Kogoshi, S. Morioka, N. Katayama, Y. Kudo; Proc. 29th ICPIG,PB9-3 (2009) ,CD.

(8.4) K. Komachi and S. Kobayashi: J. Microwave Power Electromagn. Energy, 24 (1989) 140.

(8.5) J. Kudela, T. Terebessy and M. Kando: Applied Phy. Letter, 76 (2000) 1249.

(8.6) 関口忠著：「プラズマ工学」電気学会，1997, p 127-128.

(8.7) M. A. LIEBERMAN and A. J. LICHTENBERG: 'PRINCILES OF PLASMA DISCHARGES AND MATERIALS PROCESSING', John Wiley & Sons, Inc, 1994, p439.

<第9章>

(9.1) M. A. LIEBERMAN and A. J. LICHTENBERG: 'PRINCILES OF PLASMA DISCHARGES AND MATERIALS PROCESSING', John Wiley & Sons, Inc, 1994, p450-470.

(9.2) 関口忠編著：「現代プラズマ理工学」，オーム社，1979, p33-34,

参考文献

　　p26-34.

## <第10章>

(10.1) プラズマ・核融合学会編：「プラズマ診断の基礎と応用」，コロナ社，2006，p9-15.
(10.2) M. J. Druyvesteyn: Z. f. Physik, 64, 1930, p781-798.
(10.3) 山本学，村山精一著：「プラズマの分光計測」，学会出版センター，1995.
(10.4) 関口忠著：「プラズマ工学」，1997，p347-349.
(10.5) A. J. ALCOCK and S. A. Ramsden, "TWO WAVELENGTH INTERFEROMETRY OF LASER-INDUCED SPARK IN AIR" Appl. Phys. Lett., 8, 187(1966).

## <第11章>

(11.1) 「半導体LSIのできるまで」；「半導体LSIのできるまで」編集委員会・編著，日刊工業新聞社，2001.
(11.2) F. F. CHEN and J. P. CHANG；"LECTURE NOTES ON PRINCIPLES OF PLASMA PROCESSING", KLUWER ACADEMIC/PLENUM PUBLISHERS, 2003.
(11.3) 菅井秀郎編著：「プラズマエレクトロニクス」，オーム社，2005.
(11.4) M. A. LIEBERMAN and A. J. LICHTENBERG："PRINCIPLES OF PLASMA DISCHARGES AND MATERIALS PROCESSING", John Wiley & Sons, Inc,1994, p526-538.

## <第12章>

(12.1) 関口忠著：「プラズマ工学」，電気学会，1997，p22-26.
(12.2) 行村建編著：「放電プラズマ工学」，オーム社，2008，p174-177.
(12.3) 「2．いろいろな光源　2.1 蛍光ランプ」；神野雅文，本村英樹，プラズマ核融合学会誌，Vol. 81 (2005) pp801-803.

## <第13章>

(13.1) 関口忠著:「プラズマ工学」, 電気学会, 1997, p282, P168-169, p34-35.
(13.2)「プラズマエネルギーのすべて」: プラズマ・核融合学会編, 日本実業出版社, 2007, p49, p107, p74, p106-111.

## <第14章>

(14.1) 堺孝夫著:「放電現象演習」, 朝倉書店, 1985, p34,p108.
(14.2) 竹田晋:「気体放電の基礎」, 東京電機大学出版局, 1995, p57-62.
(14.3) 三坂俊明:「大気圧非平衡プラズマの環境工学への応用 2. 電気集塵機」, プラズマ核融合学会誌, 74, 1998, p128-133.
(14.4) 竹中伸也:「都市ごみ焼却灰のプラズマ溶融処理」, 電気学会誌, 119, 1997, p285-287.

## <第15章>

(15.1) J. P. Verboncoeur, TEXT of Mini-course on Computational Plasma Modeling of ICOPS 2002 (Particle-in-Cell Techniques).

(15.2) C. K. Birdsall, Particle-in-Cell Charged-Particle Simulations, Plus Monte Carlo Collisions With Neutral Atoms, PIC-MCC, IEEE TRANSANCTION ON PLASMA SCIENCE, Vol.19,No.2,65 (1991).

(15.3) C. K. Birdsall and A. B. Langdon, Plasma Physics via Computer Simulation, McGraw-Hill, New York N. Y.,1985.

(15.4) 内藤裕志,「2. 粒子シミュレーションの基礎」, プラズマ・核融合学会誌, 第4巻第5号, 470 (1998).

(15.5) T. Ohmaru, F. Komiyama and S. Kogoshi, Jpn. J. Appl. Phys. Vol.43, 2690 (2004).

(15.6) R. L. Stenzel, A. Y. Wong and H. C. Kim, 'Conversion of Electromagnetic Waves to Electrostatic Waves in Inhomogeneous Plasma', Phy. Rev. Lett., 32, 654 (1974).

(15.7) T. Terebessy and M. Kando, 'Detection of localized hot electrons in low-pressure large-area microwave discharges', Appl. Phys. Lett., 77, 2825 (2000).

# 索引

## 記号

- α作用 …………………………… 16
- γ作用 …………………………… 16
- π形回路 ………………………… 57
- 2次電子放出係数 ……………… 81
- CCP ……………………………… 51
- CVD ……………………………… 98
- DBD ……………………………… 120
- $E \times B$ ドリフト ……………… 80
- ECR ……………………………… 71
- EHチューナ …………………… 70
- FDTD …………………………… 69
- ICP ……………………………… 59
- ITER …………………………… 116
- L形回路 ………………………… 57
- PⅢ ……………………………… 103
- PDP ……………………………… 108
- PECVD ………………………… 98
- PIC ……………………………… 127
- TM波 …………………………… 67
- TM波用共振器付マイクロ波
    プラズマ源 ………………… 69
- T形回路 ………………………… 57
- XPDP1 …………………… 127, 165

## あ

- アーク放電 …………………… 121
- アイソレータ ………………… 70
- アインシュタイン関係式 …… 41
- アッシング …………………… 102
- アッシング行程 ……………… 98
- アルベーン …………………… 9
- アンテナトップ形ICP ……… 60
- アンテナトップ形ICP ……… 60

## い

- イーター ……………………… 9
- イオン …………………… 36, 92
- イオン支援形エッチング …… 101
- イオン支援形抑制体利用
    エッチング ………………… 101
- 移動度 ………………………… 41

## う

- ウエハー ……………………… 98
- 運動方程式 …………………… 28

## え

- エキシマ ……………………… 106
- エッチング …………………… 98
- エッチングレート …………… 100
- エバネッセント波 …………… 67

## お

オームの法則……………………… 27
オゾン……………………………… 123

## か

回転変換………………………… 114, 115
蛙跳び法…………………………… 129
化学気相成長……………………… 98
拡散………………………………… 39
拡散係数…………………………… 40
干渉計測…………………………… 92

## き

気体レーザ………………………… 108
共鳴吸収………………………… 67, 68
局所熱平衡モデル………………… 91
均一性……………………………… 100

## く

クリプトスポリジウム…………… 123

## け

蛍光灯……………………………… 106
現像行程…………………………… 98

## こ

ゴールドストーン則……………… 115
コロナ放電………………………… 119
コロナモデル……………………… 91

## さ

サイクロトロン放射……………… 105
再結合放射………………………… 105
三重水素…………………………… 111

## し

シース………………………… 9, 25
磁気ミラー効果…………………… 80
自己バイアス………………… 101, 102
重水素……………………………… 111
ジャマン干渉計…………………… 93
集団的振る舞い…………………… 10
シュタルク広がり………………… 92
純化学的エッチング……………… 101
準中性……………………………… 10
焼却灰……………………………… 124
衝突周波数………………………… 39
衝突放射モデル…………………… 91

## す

ストリーマー……………………… 120
スパッタデポジッション………… 98
スパッタリング……………… 77, 101
スロットアンテナ………………… 70

## せ

正イオン飽和領域………………… 88
制御熱核融合……………………… 9
整合回路……………………… 55, 56
静電プローブ……………………… 87
制動放射…………………………… 105

索　引

線スペクトル強度比……………　90
線スペクトル放射………………　105
選択比……………………………　100

### た
断熱変化…………………………　29

### ち
チャイルド則……………………　84
超粒子……………………………　127
直流の導電率……………………　29

### て
デバイ遮蔽………………………　24
デバイ長（距離）………………　24
デポジッションレート………　85, 98
電気集塵器………………………　122
電子温度…………………………　47
電子反発領域……………………　89
電子プラズマ波…………………　36
電子飽和領域……………………　90
電離気体…………………………　9
電流―電圧特性…………………　87

### と
ドップラー広がり………………　92
トリハロメタン…………………　123
ドリフト運動……………………　114

### は
薄膜形成…………………………　98

パッシェン曲線…………………　17
パッシェンの法則………………　17
パワーバランス…………………　49

### ひ
非等方的エッチング……………　98
比熱比……………………………　29
火花電圧…………………………　17
表皮厚……………………………　61
表面波プラズマ源………………　69
ビルケランド……………………　9
ピンチ効果………………………　122

### ふ
フォトリソグラフィ……………　97
フォトレジスト…………………　98
複素誘電率………………………　31
プラズマエッチング……………　100
プラズマ化学気相成長…………　99
プラズマ浸漬形イオン注入……　103
プラズマ振動…………………　10, 25
プラズマプロセス………………　98
フリンジ・シフト………………　93
分散関係…………………………　33

### へ
ベッセルの微分方程式…………　42
ペニング効果……………………　108
ヘリコン波………………………　73

## ほ
ボルツマン方程式……………… 27

## ま
マイケルソン干渉計…………… 93
マクスウェルの方程式………… 23
マグネトロン…………………… 70
マグネトロン放電スパッタ装置… 79
マッハ・ツェンダー干渉計……… 93

## み
密度……………………………… 49

## も
モンテカルロ衝突モデル………… 131
モンテカルロ衝突モデル………… 131

## ゆ
誘電体バリア放電…………… 120, 123
誘電率…………………………… 31
誘導結合形プラズマ源………… 59

## よ
容量結合形プラズマ源………… 51

## ら
ラングミュアー………………… 9

## り
粒子数…………………………… 40
粒子バランス…………………… 48

## 流
流体方程式……………………… 27
両極性拡散……………………… 40
両極性拡散係数………………… 41

## れ
連続の式………………………… 28

## ろ
ローソン条件…………………… 112

〈著者略歴〉

小越　澄雄（こごし　すみお）
1977　東京大学大学院電気工学博士課程修了　工学博士
1977　英国　オックスフォード大学研究員
1980　東京大学電気工学科助手，1987　講師
1987　東京理科大学理工学部助教授
1997　東京理科大学理工学部教授，現在に至る
著書　理工学事典（日刊工業新聞社，分担執筆）
　　　マイクロ波プラズマの技術（オーム社，分担執筆）
　　　工科の電磁気学（培風館，共著）

© SUMIO KOGOSHI　2010

## プラズマ工学

2010 年 9 月 10 日　　第 1 版第 1 刷発行

著　者　小越　澄雄
発行者　田中久米四郎
発　行　所
株式会社　電 気 書 院
www.denkishoin.co.jp
振替口座　00190-5-18837
〒 101-0051
東京都千代田区神田神保町 1-3ミヤタビル 2F
電話（03）5259-9160
FAX（03）5259-9162

ISBN978-4-485-30212-5 C3054　　　印刷：松浦印刷㈱
Printed in Japan

● 万一，落丁・乱丁の際は，送料当社負担にてお取り替えいたします。
● 本書の内容に関する質問は，書名を明記の上，編集部宛に書状または
FAX（03-5259-9162）にてお送りください。本書で紹介している内容につい
ての質問のみお受けさせていただきます。また，電話での質問はお受けで
きませんので，あらかじめご了承ください。

**JCOPY**　〈㈳出版者著作権管理機構　委託出版物〉
本書の無断複写は著作権法上での例外を除き禁じられています。
複写される場合は，そのつど事前に，㈳出版者著作権管理機構
（電話:03-3513-6969，FAX：03-3513-6979，e-mail:info@jcopy.or.jp）
の許諾を得てください。